脳研究
～世界では今，脳研究はここまで進んでいる～
最前線

ジョナサン・D・モレノ＆ジェイ・シュルキン＝著
佐藤 弥＝監訳　大塚美菜＝訳

NEWTON PRESS

脳研究
～世界では今，脳研究はここまで進んでいる～
最前線

はじめに

単なる重さでいうなら，私たちの脳はそれほど大きくはありません。大体3ポンド（1.36kg）くらいです。マッコウクジラの脳は人間の約4倍の大きさですが，果たして，大きさは重要なのでしょうか？　実は，かつて神経科学者が考えていたほど大きさは重要ではないのです。原始人のなかには，現代の私たちとほぼ同じ大きさの脳をもつ種類もいくつか存在しました。ただし，彼らの脳は私たちと同じように丸くはありませんでした。では，形が重要なのでしょうか？　そう考えられていますが，正確にどのくらい重要なのかはいまだに神経科学者たちが研究しなくてはならない課題となっています。大きかろうが小さかろうが，丸かろうが平らであろうが，局所的であろうが広範囲であろうが，わかっていることは，ほかの一般的なものと比較した場合，私たちの脳は重さからは考えられない働きをするということです。このように脳の大きさと機能の高さに明らかな落差があるため，人々はこの脳でもっといろいろなことができるのではないかと思います。

神経科学者とパーティーで話したある男性に関する，古いジョークがあります。神経科学に魅了されたことを表現しようと，彼はこう伝えました。「どうやったら私が脳の10％以上を使いこなせるのか，あなたたち科学者のみなさんに解明していただけたらありがたいのですがね」。

以上がジョークです。

ええ，確かにこのジョークは面白くないし，実は古くもありません。我々が今つくり出した話ですから。この10％という数字は間違いで，実際には私たちの脳のすべての部分が常に働いています（効率的に働いているとはいえないかもしれませんが）。何千年もの間，人々は脳のどの部分がそれぞれどんな働きをしているのかを解明しようと努力し続けてきました。これから本書でご説明するように，このアプローチは大きさに注目するよりもはるかに期待がもてるものですが，脳の全体像を把握するにはほど遠い段階にあります。近年，脳への関心が一気に高まったことにより，「○○脳」について書かれた本がたくさん出版されました。○○のなかには，「倫理」，「政治」，「睡眠」，また長年人気を保っている「性的」などが入ります。我々が懸念しているのは，こうした本が，科学者ではない読者の興味を脳全体からそらしてしまう傾向にあることです。私たちの脳がどうしてうまく働いているのか（あるいは，なぜいつもうまく働くとは限らないのか）を理解する鍵は，状況別に脳を見ていくことだと我々は信じています。

『ホール・アース・カタログ』（1968年）という本は，内容もさることながら表紙が有名で，大きな影響力をもっています。NASAが撮影した地球，それも初めて全体を写した写真が使用されているのです。脳も「全体」を撮影した画像が今では多数存在しており，ヨーロッパの「ヒューマン・ブレイン・プロジェクト」が手がけた人間の脳のデジタル3D再現画像や，ハワード・ヒューズ医学研究所[1]が手がけた，人間の発達中の脳の地図などがその例です。しかし，こうしたブレイクスルーによってもなお，人間の脳の全体を真にとらえることはできません。そうするためには，脳が自らの機能を人間の身体のさまざまな部分や，遺伝子，化学的性質，進化，妊娠から死までの環境に拡張していく様子や，人間の生命のあらゆる側面に現れてくる様子を考慮に入れなければならないのです。

1950年，アメリカの神経科学者ウォーレン・S・マカロックは，『Why the Mind Is in the Head（なぜ心は頭の中にあるのか）』[2]という不思議なタイトルの論文を発表しました。このタイトルの通り心は頭の中にあったとしても（我々はそうは思っていませんが），脳は頭の中にあるとは限りません。実際，脳は神経組織という形で身体全体に存在しているのです。このことは脳の研究が難しい理由の一つとなっています。ほかの多くの形ある臓器とは違い，基本的に脳だけを分離することはできないのです。皿にとり出した脳は，もう脳ではありません。なぜなら，脳は一つの場所に単純に存在するのではなく，拡張しているからです。これが，脳の大きさや形からだけでは多くのことがわからないというさらなる理由でもあります。しかし，脳が身体全体に存在することが，経験や，薬物，道具を通して脳を変容させる際の鍵となります。かいつまんでいえば，これが我々が本書で試みようとした基本的な考え方です。可能な限りあらゆる手段を尽くし，経験と私たちによる介入がどう脳を変化させるかに常に気を配りながら，脳を全体としてとらえるのです。

本当のところ，脳全体あるいはその働きについて私たちが理解していることはほんのわずかです。全体の5％くらいのものでしょう（分母がわからない，非常にざっくりとした計算ですが）。ですから，本書を『脳全体の本』とは名づけませんでした。脳の全容を表した本であればもっともっと分厚いものになるでしょうし，実はそんなタイトルをつけられるほど十分なことはまだわかっていないのです。しかしそこそこの厚さの本なら，たった一冊でも，さまざまな脳理論がどのようにしてこの世に姿を現しては消えていき，また現れて痕跡を残したのかを解説することはできます。

神経科学にどっぷり浸かった哲学者と，哲学にルーツをもつ神経科学者のコンビとして，脳理論が徐々に形づくられつつあることに興味を引かれずにはいられません。我々は理論を実験のガイドとして考え，実験を理論の矯正手段ととらえています。オーストリアの科学者で哲学者であるオットー・ノイラートが，人間の知識を海面上で修理されている船にたとえたのは有名な話です。「古い梁や流木を使って船全体を新しくすることはできるが，再構築は徐々に行うことしかできない」[3]。神経科学において，我々は船すらもなく海上に漂い，脳のことでいっぱいの頭をなんとか水の上に出しながら一生懸命泳ぎ進み，波に浮かぶがらくたをかき集めて船をつくろうとしている，そんな気持ちになることがよくあります。

本書では，そんな風に海を漂いながら，脳についての学びの未来と歴史についても検証します。なぜ何世紀もの間，人間は脳についてあれこれ考えをめぐらせてきたのでしょうか？　古代より現在まで，医師たちはどんな体験に興味を引かれ，脳について各自の考えをまとめてきたのでしょうか？　何千年にもわたる治療の，ときには予想外の結果から，どのように現代神経科学が導き出されてきたのでしょうか？　脳の性質についての科学的理論はどのように代々引き継がれ，どのように失敗してきたのでしょうか？　脳を治療し，そして（いくばくかの希望として）働きを高めるため現代的な脳テクノロジーを適用すると，どんなことがわかり，どんな課題が残るのでしょうか？　ノイラートが教えたように，理論ははじめから完璧である必要はなく，むしろ完璧な理論があればそれは疑うべきなのです。科学のどんな分野においても，理論の構築というのはすでにわかっていることを適用し，それを体験した結果なのです。

神経科学は理論上でも，研究室においても，大きな進歩を遂げようとしています。しかし，脳科学においては多くの場合，理論を推進する原動力は実験です。認知機能をよくしようと待ち構えている人々に向けた本書のメッセージの一つは，信じ込まされているほどには，脳への介入に大きな期待を寄せるべきではないということです。特に短期的には期待すべきではないし，おそらく永遠に期待してはいけないのです。本書を執筆するにあたって我々が指針としてきたのは，脳テクノロジーの可能性を大げさに強調することと（これを「ニューロハイプ」と呼びます），最小限に評価すること（これを「ニューロペシミズム」と呼びます）の間を慎重に進むということです。何千万年もの間，分子の組み合わせと闘ってきた従来の神経科学の歴史に適うものはありませんから。自然科学の歴史をちょっと読んでみれば，成功と同じくらい多くの失敗があります。しかし，必ず成功は訪れるということがわかります。そして，科学にとっても社会にとっても，当惑せざるを得ない結果も出てきます。新しい発見は，人間を思いもしない方向へ動かしていくのです。

たとえば，心は脳にあるものだという意見を信じる人々と，精神活動は性質的に独立していると信じる人々の論争を，神経科学が解決するとは我々は思っていません。むしろ，新しい科学は，新しい哲学的な枠組みを生じると思っています。過去にもそうした例がありました。現在最も顕著な例は，アメリカの神経科学者ジュリオ・トノーニの統合情報理論でしょう。しかし批評家たちは，統合情報だけでは意識は生じないと指摘しています。とはいえ，こうした論争によって，失望が生まれるべきではありません。同じくアメリカのプラグマティズムの哲学者チャールズ・パースは，こうした意見の対立によって，どのような点で食い違いが生じているのか理解が深まり，それこそが科学の元となると主張しました。これが本書に『神経科学の実用的ガイド』というサブタイトルをつけた理由の一つです*。哲学的な課題はそう多く解決されてはいませんが，私たちがより深い考えと理解を身につけたときに，再び向き合えるものです。神の存在証明に関する議論は別として，壮大な実験を重ねても，それだけで長年求められてきた脳の大理論に到達できるわけではありません。しかし，少なくと

*　編集部注：原著では“A Pragmatic Guide to Neuroscience”という副題がある。

も短期間においては，世界中の神経科学研究室からいくつかの素晴らしい成果が生まれてきています。古代から積み上げられた驚くべき量の知見を状況に組み入れれば，脳全体とは一体どんなものか，その世界をほんの少し垣間見ることができるのです。

1

電気と脳

アメリカ・ワシントン州のシアトルでは，科学者たちがある人物の脳から別の人物の脳へ，インターネットを通して信号を送り，送られた側の人物の手の動きを操作しようと試みています。カリフォルニア州のバークレーでは，研究者たちがビデオの映像を見ている人々の脳から信号を集め，その画像をコンピューターで生成した映像に再構築しようとしています[1]。スイスのチューリッヒでは，神経科学者たちが人々にオキシトシンと呼ばれる脳内物質を注射して増やし，社会情勢をより信頼しやすくしています[2]。日本の東京では，微量の電気刺激を脳卒中の患者に与え，食べ物を飲み込む能力を回復させようとしています[3]。

21世紀に行われているこれらの実験は，さまざまな意味で驚くべきものです。多くの場合，新しいテクノロジーを用いて脳に効果を及ぼしたり，その効果を計測したりしています。しかし，脳に刺激を与える実験そのものはそれほど新しいものではなく，従来はハイテクに頼る必要もありませんでした。1963年，ホセ・デルガードという大胆不敵なスペインの神経科学者が，無線送信機だけを携え，コルドバの闘牛場に足を踏み入れました。闘牛が攻撃してくると，デルガードはスティモシーバーと呼ばれる装置のボタンを押しました。すると，この装置が闘牛の脳に埋め込まれた電極を起動し，牛はその場で止まると即死しましたが，身体は無傷でした。1回だけの実験では飽き足らず，デルガードはその日のうちに何頭もの闘牛に次々と同じ実験を行いましたが，すべての牛がボタンを押すとその場で即死したということです[4]。

闘牛を使った実験

コネティカット州のニューヘイブンとスペインのマドリッドで教授を務めていたデルガードは，電気による脳への刺激のパイオニアであり，派手で物議を醸すことの多い人物でした。視床下部などの脳の領域にわずかな電流を送ると，実験対象の行動を変化させたり，停止させたり，興奮させたりすることができたのです。デルガードは長年にわたり，対象の考えや行動をコントロールする手段として，脳に電極をとりつけることに取り組んでいました。彼はさまざまな生き物を対象として実験を試み，特に脳の領域を刺激し暴力をコントロールすることに興味を抱いていました。チンパンジーを使った研究や，冷戦時代に横行していた洗脳やマインドコントロールといったアイデアに踏み込んだ実験など，彼が行ったこうした仕事のほとんどは，今では決して許されないものです。ニューヨーク・タイムズ紙は，闘牛場で行った彼の実験を一面記事で，「外部から脳を操作することで計画的に動物の行動を変容させた，過去行われたうちで最も見事なデモンストレーション」[5]と書き立てました。デルガードはさらに，同僚と発明したある電子装置の特許を取るに至りました。その電子装置で，脳の電気的活動を活性化したり，抑制したりできるのです。

デルガードを批判する者たちは，実験に使われた闘牛たちがあらかじめめまいを起こすように仕向けられていたか，無能力にされていたのかもしれないと記録しています。それでも彼の行ったショーは観衆に強烈な印象を与えました。デルガードの技術が引き起こしたドラマの鮮やかさにより，この実演がどのように行われ，どのような脳のメカニズムによって可能になったのかという問題は覆い隠されてしまったのです。デルガードの行った，この脳へ刺激を与える方法（刺激法）は，脳がどのように行動をコントロールするかを研究するうえで，二つ存在する最も重要な伝統的手法の一つです。もう一つの手法は損傷法と呼ばれ，脳損傷の（行動的）結果を観察するか，または狙った位置に損傷をつくり出す方法です。

デルガードのドラマティックな実験は，幸運なタイミングで行われました。ちょうど第二次世界大戦後であり，科学の世界は野心に満ち，何もかもが可能に思えるような時代を迎えていました。原子力やゲノム，抗生物質などの秘密がすでに解き明かされており，当然，脳の秘密も明らかになるはずでした。ところが，どのように脳が働くか総合的な理論がまとまると期待していた科学者や臨床医たちは，1960 年代までに，大きな壁にぶつかったような気分を味わっていたはずです。自分たちの研究でわかったのは，脳は予測したよりもはるかに複雑だということだけだったからです。

現在，世界では脳を「理論化する」ことにつながる野心的な研究が進行中です。特にアメリカの「ブレイン・イニシアチブ」と，ヨーロッパの「ヒューマン・ブレイン・プロジェクト」がその代表的な例です。こうしたプロジェクトに欠かせない役割の一つは，脳に関する膨大なデータを集めて解析することです。ちょうどアメリカで発足した人間のゲノムの塩基配列を解析するプロジェクト，「ヒトゲノム計画」に似ています。しかし，「ヒトゲノム計画」とこれらの新しい脳のプロジェクトには大きな違いがあります。それは「ヒトゲノム計画」が現在すでに解析中の大量のデータを公開していることです。脳のプロジェクトに関しては，まだデータを公開できるような段階にありません。さらにいえば，ゲノムも脳と同じくらい厄介で複雑なテーマですが，脳は新しい情報を得なくてはならないターゲットがゲノムより格段に多く，用意すべき設備や機材，実験の種類もはるかに広範囲にわたります。しかも，ゲノムのプロジェクトでは「心」や「意識」といった概念について考える必要がありません。ところが脳科学ではこれらを必ず考慮しなければならないのです。そして心や意識というものは，いまだ完全に解決されない，深遠な哲学的難題を突きつけてくるのです。

しかし，完璧な脳理論を構築するためには，こうした哲学的難題を必ず解決しなければいけないのでしょうか？　完璧な脳理論であればこうした問題を解決できるものなのでしょうか？　デルガードの行った実験は言語道断で無秩序なものですが，神経科学の歴史では大抵理論が軽視され，実験に重きが置かれていたということを挑発的に思い出させてくれます。つまり，脳を理論から理解しようとするのではなく，実験から理解しようとしていたということです。

感電するほどの喜びを歌う

大いに宣伝されたホセ・デルガードと闘牛との対決により，その後1世紀以上もの間，人々の関心は電気と生命の本質に引き寄せられました。文脈は違いますが，1867年にアメリカの詩人，ウォルト・ホイットマンは「私は感電するほどの喜びを歌う」と自らの詩に書きました。当時，彼だけではなく，たくさんの人の心に電気が思い浮かんでいました。特にアメリカ人にとって，電気が走るような興奮は国と同じくらい古くから存在するもので，事実，自国の歴史と深く結びついたものだったのです。政治家であり科学者でもあったベンジャミン・フランクリンは，稲妻を電気の自然な一形態であると推察していました。イギリスのマイケル・ファラデーやジェームズ・クラーク・マクスウェル，ドイツのゲオルグ・オームといった実験者たちが電磁気力を解析したことは，アメリカの産業革命に新たな1ページが記されるきっかけになりました。こうした科学的な発展が花開くと同時に，その文学的な描写がロマン主義的な科学運動に表現されるようになります。『フランケンシュタイン』(1818年)の作者である，まだ若かったメアリー・シェリーはその先駆者の一人でした。『フランケンシュタイン』には，過度の野心をもった科学者がステレオタイプ的に描かれています。電気はこの科学者にとって人生の恵みそのものでした。最近では，人々は科学と人間性のはざまで悩むことがありますが，当時，電気はこれら二つの文化を結びつけるものだったのです。

それより何百年も前に遡ると，ユダヤ教の神話にゴーレムという，魔法により泥から生まれた怪物が登場します。20世紀に活躍したイギリスのSF作家アーサー・C・クラークが「十分発達した科学技術は，魔法と見分けがつかない」と述べたことは有名ですが，電気をコントロールして非生体組織を刺激することにより，ゴーレムのように命のないものを動かすことも不可能ではなくなったのです。このアイデアは，18世紀に筋組織を電気により刺激したことで知られるイタリアの科学者ルイージ・ガルバーニに敬意を表して「ガルバナイジング」と呼ばれるようになりました。現代の心臓ペースメーカーは，1799年にイタリアの自然哲学者アレッサンドロ・ボルタが発明した電池のような19世紀の技術的ブレイクスルーと，生体や死体に対してぞっとするような実験を行った結果，現実化したものです。当時は，ゴーレムやフランケンシュタインのような怪物が現実に研究室から生まれてくるような雰囲気がありました。

物語に出てくる怪物たちは，今でも「人間とは一体何であるか」を考える刺激となっています。物語をその時代の科学と結びつけてみると，その時点で科学について何がわかっており，何がわかっていなかったかが明らかになるのです。本書でこれから述べるように，哲学者たちは夢想的なシナリオをさまざまに駆使して，精神活動について再考を重ねました。しかし，これものちに解説しますが，脳科学という退屈な仕事は，メル・ブルックスの映画『ヤング・フランケンシュタイン』に登場するアビー・ノーマルのような怪物の脳を研究することではなく，普通の人々の脳，しかも多くの場合異常があったり，悲惨な状況にあったりした脳の研究から進化してきました。それらが脳の性質を解き明かす主な鍵だったのです。研究により，次第に脳の構造と機能についての疑問が生まれ，それらのいくつかには，かなり明らかな意味があったのです。

脳の可塑性

300万年前，猿人は生き物の脳に打撃を加えると死をもたらすということを理解していたようです。しかし，特に専用の鈍器などは必要とせず，重いものであれば何でも利用しました。およそ1万年前には，新石器時代の外科医が，頭部に穴を開ける方法を発見しました。これは穿頭術と呼ばれ，身体の平衡のバランスを回復するための有望な治療法でしたが，穴の位置を正確に定めようとしてもできませんでした。あるパピルス文書には，「脳」という言葉が6回も書かれているほか，付随する図にはさまざまな頭部の傷と髄液が描写されており，脳の病変が身体の機能に及ぼす影響についての考察も示されています[6]。つまりこれらの文書には，脳へのダメージがさまざまな形で行動に影響することが記録されているのです。こうした古代文書は現代のホモ・サピエンスが現れる前の時代でも，頭の中にあるものが生や死，健康，そして心に密接な関係があると信じられていたことを示しています。

二千年以上もの間，心と脳の関係の手がかりとして人々の興味をそそる対象となってきたのは，頭部に受けたひどい傷害でした。19世紀，アメリカの鉄道員だったフィニアス・ゲージの頭蓋骨を鉄の棒が貫通するという事故が起きました。肉体的にはまったく同じ人間に違いないのに，以前のゲージを知る者はみな，事故によって彼の性格はまったく変わってしまったと証言しました。150年前という比較的最近のできごとにも関わらず，別人のようになってしまったゲージの脳に起こった変化の詳細について，当時の脳科学ではまだ意味のある説明はできませんでした。脳の内側に受けた傷を視覚化できる画像技術が存在しなかったことが理由の一つです。

現代では，自然に起きた事故でさえ，たとえ人間の目には見えなくても，画像技術で観察することができます。稀なケースですが，運動の連携を司《つかさど》る小脳という組織がないまま産まれてしまう人々がいます。このような人々の脳をCT（コンピューター断層撮影）スキャンで撮影すると，脳の後ろ側に大きな穴が開いていることが示され，これが肉体的に不器用な理由だとわかります。画像による正確な観察から，研究者たちは，注意力散漫や記憶力の弱さなどのほかの特徴も小脳がないことに原因があると理解するに至りました。こうした特徴は，昔ならば単に変わった性格と片づけられていたのです。

一方で，ホセ・デルガードの闘牛相手の実験につながる道を拓いた先駆者たちもいました。彼らは，小脳よりもはるかに小さいさまざまな脳の領域を，人間の特定の行動と能力に関連づけようとしていたのです。「ローカライザー（機能局在論者）」とでもいうべきこれらの研究者たちは，1800年代のヨーロッパやアメリカに現れました。彼らは脳のさまざまな部分を刺激し，ほぼ試行錯誤を繰り返すことだけで，特定の行動や反応を理解しようと努めました。ときには，フィニアス・ゲージが遭遇したような事故の観察から学ぶこともありました。

しかし，観察から学べることには限界があります。そこでフランスの生理学者ジャン・ピエール・フローレンスは，動物の脳を破壊し，脳の異なる領域がそれぞれ異なる機能を司っていることを証明します。ドイツの医師フランツ・ヨーゼフ・ガルは，皮質組織に関連する機能が，少なくとも27存在すると示唆し，図解してみせました。しかしガルの研究は現象論的であり，データに裏打ちされた理論ではありませんでした。後に続く多くの科学者たちのように，彼は脳に関する能力を数多く仮定しましたが，それにともなう実験は行わなかったのです。その後も議論は延々と続き，皮質組織のある特定の位置に，特定の機能が関連するということをはじめとして，より広く脳に分散した，繊細な機能まで語られるようになりました。こうした議論には数多くの，著名な研究者が関わっています。ドイツのコルビニアン・ブロードマン，グスタフ・フリッチュ，フランツ・ヨーゼフ・ガル，フリードリッヒ・レオポルド・ゴルツ，エドゥアルト・ヒッツィヒ，テオドール・メイナート，パウル・フレクシグ，ハーマン・ムンク，スコットランドのサー・デイビッド・フェリエ，イギリスのジョン・ヒューリングス・ジャクソン，チャールズ・スコット・シェリントン，ロシア出身でスイスのコンスタンタン・フォン・モナコウ……。みな，正真正銘の脳科学の有力者です。

科学の歴史ではよく起こることですが，あるブレイクスルーがもうすぐ起きようとしている際に，一部の研究者は脳のローカライゼーションに期待をかけすぎました。19世紀中期，フローレンスやそのほかの研究者たちの実験が始まった頃，頭蓋骨を詳細に計測することで脳のさまざまな部分を読みとる骨相学という考え方が，ヨーロッパとアメリカを席巻しました。人間の個性や民族の違いを見分けることが可能に見えたため，骨相学はしばらくの間，流行の調査方法としてもてはやされ，上流社会や王族が支持しました。

しかし，脳科学の歴史が繰り返し学んできたように，ものごとはそう簡単ではなかったのです。脳に身体の機能をローカライズすることに関する主張や仮説は，イギリスの論理学者で哲学者であるアルフレッド・ノース・ホワイトヘッドが述べたように「見当違いの具体性」をもつ傾向にありました。頭蓋骨の特定の場所に，特定の機能が正確に存在すると誇張しすぎたのです。ホワイトヘッドの観察は理論についてであり，脳の構造についてではありませんでした。しかし，脳には新しい状況や，重いけがに対して驚くべき適応能力があるということから，彼の理論はしっくりとあてはまったのです。これは脳の可塑性と呼ばれる特質です。

脳の可塑性とは，ある部分が欠損した場合に脳がそれに適応し機能を補う能力で，おそらくローカライザーたちにとっては大きな謎だったに違いありません。たとえば，視覚を失った人々は，聴覚や体性感覚といった皮質機能を発達させて視覚を補います。人間は視覚動物ですが，目の不自由な人々はそのほかの視覚を利用することができるのです（皮質化するといってもいいかもしれません）。これは視覚の喪失という不運なできごとに対して，脳の可塑性により，幸運にも得られた結果です。それでは，聴覚を失った人々はどうでしょう。当然ながら，聴覚機能が低下したことにより，視覚皮質がより活性化し，今度は視覚が拡張されて「聴くこと」の一部を担うことになります[7]。

限界はありますが，見ることと聴くことはお互い補い合う神経の能力に根ざしています。目の見える人から視覚刺激を奪ってみると，脳は聴覚刺激を通して後頭皮質をより活性化してこれを補います。驚くべきことに，30歳前後で聴覚を失った作曲家ルートヴィヒ・ヴァン・ベートーヴェンはその後も作曲を続けましたが，これは彼が音楽を想像することができたからです。これは聴覚皮質を活性化することと相関性があるプロセスです。たとえば一次運動野などに存在する興味深い「ミラー・ニューロン」は，神経科学の世界に興奮をもたらしました。何かを想像することと実際に行うことでは，同じ脳の領域が関わっていることが多いとわかったのです。

しかし，いくつかの重要な点において，ローカライザーたちも間違ってはいませんでした。多くの経験が積み重なり，さまざまなケースの観察結果がより正確に報告されるようになると，脳のどの部分がどの機能と関連しているか，より体系的に評価できるようになりました。脳に対する機能のローカライゼーションは，型どおりに解釈してしまうと誤解を招きやすいものです。しかし，いくつかの能力が脳の特定の領域と密接に結びついていることは疑いのない事実です。

なかにはより慎重で，正確な結論も導き出されています。フランスの人類学者で解剖学者のピエール・ポール・ブローカは，脳の前頭葉にある領域が，言葉をつくり出すこと（スピーチ産出）を担っていることを発見し，脳に対する機能のローカライゼーションという考え方に重要な貢献を果たしました。その領野は現在ブローカ野と呼ばれています。前頭葉にあるこの部位は声に関連するだけではなく，言語を構成する能力にも関連することが，これら双方の能力をもたない人々の研究から解明されました。解剖学に精通し，実験科学者の本能を携えたブローカにより，機能のローカライゼーションは社会的な地位を得たのです。

イギリスの神経学者ジョン・ヒューリングス・ジャクソンは，ブローカによるローカライゼーションに関する結論を，てんかんの患者を熱心に観察することによってさらに裏づけました。彼は発作を脳からの放電と考え，てんかんは脳が無制限に電気的活動を行った結果，電気が回路からあふれ出たような状態であると主張しました。ジャクソンの言葉を借りれば，てんかんは脳のいくつかの領域で抑制が失われることなのです。後年，ほかの研究者たちは，この病気の発現部位の一つは扁桃体と呼ばれるアーモンド型の器官であると示唆しました。その結果，まひ症状と言語，動作，そして舌のコントロールの喪失が起こるのです。現在では，化学伝達にも原因があると認識されています。

脳に一定レベルの電気的または化学的な刺激を加える（脳の「キンドリング」をする）と，脳の放電がある基準値を超えて促され，妄想とけいれんを引き起こすという考え方は，ヒポクラテスの時代から存在しました。扁桃体をキンドリングすると，普通のできごとに対して恐怖反射のような驚愕反応を促すことができます。てんかんを罹患した人々の発作は，通常のニューロン系の機能が病的に極端な状態にある，つまりニューロンの長期増強における異常として理解できるかもしれません。長期増強とは20世紀中頃のカナダの心理学者，ドナルド・ヘッブの考えに関係する言葉です。ヘッブは，「繰り返し一緒に発火する細胞は，やがてお互いの伝達効率を高め合う」と考えました。神経科学では，電気的な発火のパターンにより，てんかん患者が「正常で，適応できる状態」から「機能不全で，病的な状態」へと切り替わる際，ネットワークで結ばれたニューロンが「同期的に発火する状態」から，「同期しない，危険な発火パターン」へと切り替わると解釈します。

ローカライゼーションの結論を出すため，ジャクソンは脳損傷に苦しんでいる患者に限定して観察を行いました。これを引き継ぐ形となったのは，もともとは神経心理学者であったアメリカのカール・ラシュレーです。ラットを使った，より巧妙で注意深くコントロールされた初期の実験を通して，はるかに詳細な観察を行いました。ある一連の実験で，ラシュレーはラットを訓練し，ある行為をすると餌がもらえるというタスクを与え，その後ラットの皮質（灰白質）の一部を厳密に特定して切りとりました。脳の特定の（ローカライズされた）部分に対して，非常に限定的に損傷を与えられたラットは，新しい知識の習得と維持に問題は起きましたが，迷路を走り抜けるなど，ほかのタスクは問題なくこなすことができました。

興味深いことにラシュレーは，この実験でローカライゼーションという考え方の裏づけがとれたと同時に，ある意味ローカライゼーションの限界も示されたと考えました。ラットたちは，脳に損傷を受けたにもかかわらず，訓練した通りに迷路を走ることができたからです。しかし，迷路を抜ける方法を覚えるには，たくさんの方法があるはずです。パブロフの条件反射によるまばたきの学習，空間学習，逆転学習などのように，より詳細な種類の学習と記憶のタスクは，脳のより細かい機能のローカライゼーションを示すことがのちに明らかになります。しかしながら，多くの研究者たちが想定していたように，ある特定の記憶は単一の部位もしくは「エングラム」に配置されているわけではなく，皮質全体に配分されていることがわかりました。そして現代になると，脳の画像化実験により，記憶の配分はラシュレーが実感したよりもはるかに不均一で，脳の広い範囲にわたっていたことがわかったのです。

脳を充電する

脳内で電気の果たす役割についてのさまざまな考え方は，歴史上においても，実験においても，ローカライゼーションと密接な関係にありました。ともに19世紀のイタリアの科学者であり，ライバルでもあったルイージ・ガルバーニとアレッサンドロ・ボルタは，脳細胞の発火は電気的な事象と考えていました。つまり，この反応は電気により活性化したり抑制されたりすると示唆したのです。それ以来，放電の本質に関する疑問から，脳の活動に関する調査がさかんに行われるようになり，神経科学の言語というものがおのずと構成されていきました。

機能のローカライゼーションを究明する方法の一つは，正常な状態と病的な状態の双方において，放電の元になるものと，二つの状態の境界を突き止めることです。スコットランドのサー・デイビッド・フェリエは，動物の皮質（意図的運動に関わる部位）に低強度の刺激を与えると，皮質のどの領域がどの運動機能と結びつくのかをはっきりと割り出しやすくなると説明しました。彼はまた，それらの領域に強い刺激（過刺激）を与えると，機能が失われる場合があることも示しました。イギリスのジョン・ヒューリングス・ジャクソン以降，現在まで，脳の機能はどのようにローカライズ（場所を特定）されているか，なぜその領域に依存しているのか，議論が続いています。ただし，骨相学の教訓はあるものの，脳の行動出力に関して，ある程度のローカライゼーションは認めざるを得ないという一般的な概念は，疑いの余地がありません。

過去150年間，脳への電気的刺激や，特定領域の損傷を調べることが，機能のローカライゼーションを調査する主な手段でした。神経科学の研究はいまだに電気を使った実験に根深く基づいており，ルイージ・ガルバーニが「動物電気」と呼んだ説に基づいて脳細胞の活動を記録しています。動物電気とは，筋肉や，主に脳の特定領域にあるニューロン，もしくはニューロンのセットを流れる電流のことです。こうした研究の結果，電気的な発火パターンを裏づける細胞の種類や，どうやって新しいニューロンがつくられるか，それらに情報がどのようにプログラムされるか，シナプスと呼ばれる神経細胞どうしの間にある空間をどのように情報が行き交うのかなどの疑問が生じました。脳の機能を見定め，いくつかのニューロンのセットをほかのセットと分離し，ニューロン組織の主要な特性を推測するために電気を供給する技術は，脳科学には不可欠です。電気は調査の手段であると同時に，理解すべき理論の一部にもなっているのです。

20世紀，アメリカの神経外科医ワイルダー・ペンフィールドは主にカナダのモントリオールで仕事をしていました。ペンフィールドは，皮質のさまざまな領野を直接刺激し，実験動物の反応や患者の報告などから，考えられる脳の機能を示しました。ペンフィールドの手にかかると，電気的刺激は医療器具にもなりました。手法は伝統的ながら，現代の脳手術では多様な脳の領域を，定位固定という侵襲の少ない三次元座標のシステムで正確に狙えるようになったため，電流を目標に正確にあてることが可能になったのです。病気の種類によっては，精緻さも必要ありませんでした。解決困難なうつ病などに苦しんでいる人々には，電気けいれん療法（ECT）が有効でした。これは，神経回路に基準値を超えた電流を流してわざとけいれん発作を起こす方法です。しかし，患者になぜこれが有効なのかはいまだにわかっていません。ECTは総合的な理論の存在しない治療的脳テクノロジーの一例です。

そのほかの生物学と同様，神経科学においても，理解することの範疇には「パターンを見つけること」が関わってきます。パターンとは，生き物の根本にある組織化のしくみともいえるでしょう。部分的でも，広範囲にわたるものでも，電気的活動は脳細胞の機能の「痕跡」と考えられています。しかしそのパターンが意味するものは，いまだに解明されていません。私たちの神経系がもつリズミカルな電気的パターンは，体内時計のように働き，多様で，古代から存在するということはわかっています。よく知られている，およそ24時間の概日時計システムもそのうちの一つです。神経系は小規模のリズミカルな，または「振動する」ニューロンのパターンに依存しており，それが睡眠と起床のサイクルといった大規模なパターンをつくり出しているのです。また，心臓を刺激する内部発電機のようなものも存在し，生き物のもつ体内リズムは，こうしたものの電気的パルスを記録することで観察できます。今では，私たちの身体に多様な内部発電機の元が存在することがわかっています。そのうちのいくつかは外部の事象と連鎖しており，そうしたものに関係なく動いているものもあります。調整されたこれらの内部発電機は，行動を司る基礎をつくっている共同のニューロンの発火パターンと連鎖して，臓器や組織の活動を調整しているのです。

猫の問題

過度の情熱といきすぎた理論は目立ったものの，当時入手できた情報と手段の少なさを考えれば，ローカライザーたちは大いに貢献したといえます。それ以後の時代で，脳への電気的刺激による実験から学べた最大の教訓は，状況が重要だということです。機能が存在する脳の場所は，さまざまな要因に左右されるのです。1950 年代から 1960 年代にかけて，神経科学者は「快楽中枢」と「攻撃中枢」と考えられる領域に特別な注意を向け，動物の脳のさまざまな部分に電極を埋め込んで実験をしました。有名な実験の一つは，哺乳類の脳の奥深くにある扁桃体に電極をとりつけ，猫の攻撃性を試した実験です。げっ歯類の動物を見せると，電極をとりつけられた猫は捕食習性を表しました。人工的な電気的刺激により，本来猫が自然な状態でする行為が再現されたのです。2 回目の実験では，これらの猫の，獲物を探すための感覚野を電気的刺激によって拡大し，獲物を見つけやすくしました。いい換えれば，扁桃体（もしくは視床下部）への電気的刺激が，猫に獲物を見つける準備をさせたのです[8]。

しかし，これらの実験の結果は予想したよりも明確ではなく，そもそも予測可能なものでもありませんでした。1960 年代から 1970 年代にかけて行われた実験で科学者たちが発見したのは，さまざまな種類の動物（げっ歯類やサルなど）の視床下部に同じ電流を送った結果，得られる行動は状況によって異なることでした。ある状況下では，電気的刺激は摂食行動を引き起こし，別の状況では攻撃性を導き出したのです。1990 年代に行われた実験では，視床下部に電気的刺激を与えると，実験対象はその食べ物を好んでいないにもかかわらず，食行動が助長されました[9]。実験動物たちは刺激を与えられると食べましたが，決して喜んで食べていたわけではありませんでした。実験を撮影したビデオには，食物の摂取衝動が高まっているにもかかわらず，まるで食べ物がまずいかのように顔をしかめる動物たちが映っていたのです。

刺激された脳の領域は，個々の行動と直接相関関係にあることはなく，多くの場合，複数の行動と重複していました。いい換えれば特定の行動と関係するからといって，それが関係する唯一の行動というわけではないようです。たとえば攻撃性は，脳のさまざまな領域から引き出されますし，生殖行為は，電気的刺激だけではなく，エストロゲンのような化学物質によって誘発されることもあります。視床下部や扁桃体のような脳の領域は，脳幹部位や神経回路と連携しています。長期間にわたり実験を重ねていった結果，電気的刺激が起こった環境が，脳に電極を埋め込む行為と同じくらい重要であることがわかりました。遺伝子はそれ自体がタンパク質を処理し，遺伝子のタンパク質発現はその環境に影響を受けること（エピジェネティクスと呼ばれる研究分野）を私たちが理解するようになったのと同じように，神経科学者たちは，脳への刺激が状況次第で攻撃性や摂食行動などの行為を引き出すことを理解するようになったのです。

この攻撃性と摂食行動に関する実験は，1950年代と1960年代を通して，脳の快楽中枢の調査と同時に行われ，同じように長期間にわたりました。ある有名な実験で，脳の特定の領域を刺激したラットは，バーを押すといつでも必要なときに電気的刺激を得られるということをいち早く習得しました。たとえ空腹で死にそうなときでもバーを押すことを選んだのです[10]。食べることよりも，即得られる感覚を優先したということは，おそらくラットたちは非常な快感を覚えていたか，依存症や中毒状態に陥っていたのかもしれません。しかし研究者のなかには，快感はラットが生存よりも刺激を選んだ理由にはならない[11]と主張した者もいました。電気的刺激は快感よりもむしろ依存的行為や中毒状態を強くもたらしていた可能性もあります。動物は快感を得られるような食物を与えられた場合，特定の顔の表情をつくりますが，電気的刺激の結果として無理に食べた場合はそうした表情は現れないのです。予想通り，人間でも，脳の快楽中枢に電気刺激を与えられて快感を得たという報告は得られていません。有名なポップスの曲にあるように，本物ほどよいものはないのです。

とはいうものの，眼窩《がんか》前頭皮質という場所に電気的刺激を与えると，一見快感に似た反応を引き起こすことができます。ただし報酬の概念は，一見した様子よりずっと複雑です。報酬への期待の基盤には特定の神経回路があるのですが，報酬は一つのものではなく，複数の脳回路が関わります。そして私たちは，ちょうど脳がしているのと同じように，自分が「何かを欲しがっている」のか，それとも「それを楽しんでいる」のかを識別しなければなりません。所有欲を刺激してくる広告の嵐の中に毎日さらされている私たちにとって，これら二つの違いを思い出すのは難しいはずです。これを「報酬の目立ちやすさ」といいます。タバコや，ピカピカに光る自動車や，チョコレートのひとかけらなど，特に宣伝されている品物が好きではなくても反応してしまうのです。報酬の目立ちやすさは，背外側線条体と関係があり，非常に顕著な中毒特性があります。行動主義心理学者たちは，この欲しいと好きの違いを，特定の食べ物という状況を設定して，長期間にわたり観察しています。

アメリカの心理学者ケント・バーリッジとミシガン大学の同僚たちによって，この研究が今再び活発に行われています[12]。彼らの実験によると，ドーパミンとエンドルフィンの情報分子により仲介された新線条体の特定の領域が，何かを欲しがることと結びついており，これらは実際にそのものが好きであることと結びついた領域とは別であることがわかりました。欲しいという感情の一部は，脳のその領域にドーパミンとオピオイドの顕微注入を行うとつくり出すことができ，意欲を起こさせるような魅力が高まります。これらの物質の分子がブロックされると，たとえ気に入っているものでも魅力は消滅します。ちょうど，おいしそうに見えるものでもどうしても食べたいとは思わないときに似ています。こうした化学物質は正直です。ドーパミンはチョコレートを食べたいという欲望の増加と相関関係にありますが，チョコレートを食べるときの快感とは関係ありません。

ドーパミンの効果は対象物によってかなりさまざまで，おいしい食べ物のような具体的なものではなく，認知的に曖昧なこともあります。たとえば機能的磁気共鳴画像法（fMRI）の研究で示されたように，ある音楽データを購入する際，それを楽しみたいという期待が大きければ大きいほど，ドーパミンの活性は大きくなり，大脳基底核の中の側坐核の活性も大きくなります。

こうしたことのすべてが，実験者にとってはがっかりする可能性につながるのです。実際に自然な状態で電気的刺激が作用する方法は，脳に電極を埋め込むような直接的なアプローチとは一致しないのでしょう。電気的活動はむしろ，脳内での化学物質の生産と密接な関わりがあります。そしてもちろん，過剰な電流の供給というリスクもあります。研究室で人工的に電流を流せば，けいれんの発作などさまざまな問題を引き起こす可能性もあります。電気が重要なのは間違いありません。ただ，その効果はどこで，いつ，どのように電流が送られるか，そしてどんな脳内物質が関係しているかに左右されるのです。理論だけでは，この電気化学の物語を導き出すことはできなかったでしょう。ですから，多くの神経科学者たちは今，「脳テクノロジーを使って何ができるかを，脳に関する理論に基づいて推進すること」ではなく，まず「テクノロジーで何ができるかということに基づいて，脳に関する理論を推進すべき」だと信じています。後者のほうがはるかに現実的なアプローチだからです。

化学実験の道具

20世紀になると，電気に加え，脳細胞を活性化する別の方法がその真価を認められました。化学物質の分泌です。現在から数世紀遡った18世紀，フランスの化学者アントワーヌ・ラボアジエが呼吸における酸素の役割を発見したのが大きな功績となります。生理学の中に化学という概念が生まれ，現代に通じる形をなし始めました。それまでにも多くの実験者が，「心臓の鼓動や消化といった生き物の基礎的な生理機能を制御するシステムがどこかに存在する」という結論に達していました。こうしたプロセスは，電気的な振動だけでは説明がつかないものだったからです。早くも1877年，ドイツの生理学者エミール・デュ・ボア・レーモンが，電気的伝達だけではなく，化学物質によっても脳は興奮し活性化すると示唆していました。

この自律的で，意志とは関係のない神経のシステムというアイデアと，神経伝達物質と呼ばれる化学伝達物質を探し出すことには密接な関係がありました。神経伝達物質は多様で，重なり合い，分岐進化する傾向を示す情報分子です。やがてこのアイデアは神経科学における化学革命につながり，ノルエピネフリン（副腎皮質ホルモン），アセチルコリンといった一連の神経伝達物質（**表1.1**を参照）の発見と，こうした化学物質が実は古くから存在していたという認識を導きました。たとえばドーパミンは，5億年前から存在することがわかっています。こうしたモノアミンとセロトニンのようなインドールアミンは，現代の精神医学に大変重要であり，かつ地球に新しく現れたわけではないのです。

これら標準的な脳内化学物質の一つに，副腎皮質刺激ホルモン放出ホルモン（CRH）があります。CRHはさまざまな生き物の多くの組織に存在します。恐れや怒り，なじみのないものに対する反応に関連する情報を伝達

表 1.1
中枢神経系における標準的な神経伝達物質

カテコールアミン	ドーパミン
	ノルエピネフリン
	エピネフリン
インドールアミン	セロトニン
	メラトニン
コリン作用性	アセチルコリン
アミノ酸	γ-アミノ酪酸
	グルタミン酸塩
	アスパラギン酸塩

し，内部または外部の脅威に対して警告を発する役割を果たすのです。CRHの働きにより認識する脅威には，空間内の方向や，毒グモや捕食動物など，環境のあらゆるものが含まれます。そして，これらに対し適切な反応を起こすには，おびただしい数の生物システムを連携させなければなりません。これが理由で，CRHは視床下部や扁桃体，前頭皮質などさまざまな脳の領域にわたって存在するのです。遺伝子操作をほどこされ，CRHを過剰分泌するようにしたマウスは，通常よりも恐怖に対する反応に簡単に対処できる可能性があります[13]。子供のラットは，有害な現象にさらされると，生後2週間になる頃にほかのラットよりも多くのCRHを分泌するようになります。つまり，恐ろしい環境に身をおくと，認識した脅威に対する感受性が増し，これが生涯にわたって続きます。人間にもあてはまるのであれば，暴力的なふるまいをする子供に対して，その理由を生物学的な根源から理解する重要な鍵になるかもしれません。

今日，神経伝達物質は脳科学のあらゆる場面に登場します。しかし脳化学物質の重要性が受け入れられるまでの道は厳しいもので，何十年もの苦難が続き，研究者たちは仕事を失う危険すら冒さなければなりませんでした。科学において多くの研究者が繰り広げる熱い論戦と同様，確固とした答えを見つけることは，ある者にとっては名声と栄光を意味しますが，そのほかの者には失望と不満を意味します。アメリカの神経科学者エリオット・バレンスタインが解説したように，「神経細胞どうしが直接連結していないという考え方を受け入れるには長い時間がかかった」[14]のです。19世紀後半には，一流の観察者たちが，ある事実をめぐって対立しました。イタリアの医師カミッロ・ゴルジは，彼のブレイクスルーであった細胞染色技術をほどこした神経線維を見て，神経は延々とつながる網状になっていると主張しました。ところがスペインの神経解剖学者サンティアゴ・ラモン・イ・カハールは同様の発見をしたにもかかわらず，神経線維には隙間があるという結論を出しました[15]。彼らは同じデータから相反する結論に至ったのです。この状況はなんとなく，初期の天体望遠鏡を使って「火星に川が見えた」と主張する天文学者と，それが見えなかったという天文学者の違いに似ています。この問題が決着したのは，筋肉のニューロンの端と端の間で行われる交信に，はっきりと計測できる遅れが存在したためです。これにより，ニューロンとニューロンの間には隙間があるに違いないということが示されました。それでもゴルジに味方する者もいましたが，1897年にイギリスのチャールズ・スコット・シェリントンが，推測されたニューロンとニューロンの隙間を「シナプス」と表現した頃までには，問題はほぼ解決していました[16]。

カハールが正しいことがこれで証明されたわけですが，今度は隙間があるのにどうやってこれらの細胞は電気的情報を送っているのかという疑問が新たに生じました。ドイツのエミール・デュ・ボア・レーモンが理論を打ち立てたように，「ある種の化学的プロセスによる」のが明らかな答えです。ならば，化学物質はどのようにしてこんなにも多様な事象や反応を神経系において引き起こすのでしょうか？　その後何十年もの間続けて行われた取り組みは，なぜ科学が小さな，一見関係のない進歩を遂げることが多いのかということをよく表していました。

早期に一つのきっかけとなったのは，迷走神経と呼ばれるとても重要な心臓神経が化学信号を脳に運び，エピネフリンやそのほかの化学物質が心臓の鼓動を速めるという発見でした。動物実験を行った結果，心拍を速めることも，遅くすることもできることがわかったのです。つまり，これがある種，神経と化学物質の原理の証明になったわけですが，電気の擁護者はそれで納得しませんでした。二つもノーベル賞を獲得した後の1936年にでさえ，こうした化学物質の発見に対し，エリオット・バレンスタインが形容するところの「スープと火花の戦争」が続いたのです[17]。1930年代後半には，ハーバード大学で教鞭を執ったことで有名なアメリカの生理学者ウォルター・B・キャノンが，動物の痛みや恐れに対する反応について「闘争・逃走反応」というコンセプトを苦心して練り上げました[18]。すると，同様に有名なオーストラリアの神経生理学者ジョン・C・エックルスから反論が巻き起こりました。エックルスは電気的伝達を支持していたのです。

それでもなお，身体におけるエピネフリンのような化学物質の生産についての情報が，ときに驚くような情報源から次々と舞い込みました。幻覚剤であるリゼルグ酸ジエチルアミドは，LSDとして広く知られており，1960年代のカウンターカルチャーに大きな役割を果たしたことで有名です。しかしLSDは神経科学の歴史上において，ブレイクスルーを果たした実験的薬剤でもあったのです。1954年，LSDの効果は，セロトニンに働きかけることで引き起こされるとわかりました。セロトニンは古代から存在し，際立って用途の広い神経伝達物質で，消化や成長，生殖に不可欠なものです。1950年代までに，神経伝達物質は心理学・生理学の双方の脳研究においてかけがえのないものとして受け入れられるようになっていました。アメリカの実験心理学者で，イエール大学で教鞭を執ったニール・E・ミラーは，神経伝達物質と食物探索などの行動に関する統合的理論を発展させます。これがドラッグを使った実験に道を拓き，信号に注意を払えば，私たちは自分の神経系を調節できる[19]という考え方を深化させました。

神経伝達物質の発見により，電気的刺激を使った実験と同じように，ある特定の化学物質に影響を受けることがすでに解明されていた脳器官の研究が進みました。電気的刺激の実験ではあまり実験対象の具体的な行動には結びつきませんでしたが，化学物質を使うことでより具体的な成果が得られると考えられていたのです。1950年代に行われた実験の一つでは，さまざまな生き物の視床下部に塩化ナトリウムを注射しました。視床下部は魚にも哺乳類にも見られる脳の構造で，予想通り，こうした生き物に水を飲む行動を促すことができました。しかし別の実験では，同じ化学物質を使ってもそれぞれ異なる反応が出るという問題が起き，壁にぶつかってしまいました。たとえば，オスとメスのラットの脳のある領域にテストステロン(男性ホルモン)を与えると，どちらのラットもメスのようにふるまい，巣をつくり，子供を周りに集めました。しかし脳の別の領域にテストステロンを与えると，メスもオスもオスのような行動を見せたのです。つまりホルモンを使った実験でさえ，はっきりと具体的な結果には結びつかなかったのです。

脳を完全に理解する魔法の道とはいえませんが，化学物質で刺激を与える実験はこれまでの歴史の中でも有望なものです。試行錯誤をたくさん繰り返した結果，刺激すべき場所は非常に絞られ，特定の行動に関連づけることができるようになってきました。神経科学における化学革命により，ドーパミン，ノルエピネフリン，セロトニン，アセチルコリンなどの神経伝達物質は全般的な覚醒を調節していることがわかりました。ノルエピネフリンは注意力を促し，ドーパミンはより一般的な認知と運動組織を助け，セロトニンは私たちが感情を制御するのを助けます。分子構造に四つの環をもつステロイドは，私たちが経験を整理することの基本となる神経ペプチドと神経伝達物質の分泌を促します。食べ物や水，すみかなど生きていくのに必要なものを記憶するのもそうした経験に含まれます。食欲に関するものなどの大きな神経経路が，その他多くの経路の基礎をつくっています。

テストステロンは本来，重要な男性ホルモンと考えられ，睾丸と前立腺の成長を助けます。一方で攻撃性や性欲の促進など，男女問わずたくさんの役割を果たすことが知られています。こうした効果の多くは，テストステロンがエストロゲン（女性ホルモン）に転化されるプロセスを通して起こり，エストロゲンは脳と遺伝子産物の調整作用に影響を及ぼします。たとえば鳥のさえずりはテリトリーの防衛と侵入者への攻撃という役割を果たします。これも遺伝子産物によるものです。生き物のこうした行動を導くメカニズムは，扁桃体など攻撃性を司る脳の領域で，バソプレシンなどの神経ペプチドが誘発されることによります。こうした化学物質は脳の辺縁系にある通り道を経て行動を促すだけでなく，多様な形の動機づけ行動の基礎となります。不幸にして，間違った行動が現れる場合もあり，パーキンソン病に特徴的なふるえもこの中に含まれます。

理論を打ち立てること，発見すること，実験を行うことと治療は，連携して行われる場合が多くあります。血糖を調整するインスリンという化学伝達物質の場合を見てみましょう。糖尿病は神経システムの早すぎる老化を引き起こす病気で，学習機能と記憶にも影響することがあります。この記憶の本質は，脳科学において非常に理解と解決が難しい問題であると証明されています。ローカライザーたちは脳の特定の領域が記憶を司ると考えていました。しかし，次第に脳は「可塑性」をもつ柔軟性のある組織であり，その中で電気的システムや化学的システムが働いているとする考え方が主流になっていきました。

記憶は，私たち個人の独自性を構成する物語を担う非常に重要なものです。認知症によって記憶を失うと，多くの場合その人の自我が失われることになります。これらの恐ろしい病気を補うために最終的に開発されるテクノロジーは何であれ，まず第一に，正常な脳機能を維持したり回復させたりするための治療法として考えられるでしょう。最近では多くの人が，そのような治療法があるのなら，認知機能を蝕む病気になっていなくても，記憶容量を普通よりも増大させ，知的機能を改善させた，平凡な人類より優れた人間をつくれるのではないかと考えるようです。

インスリンは脳も含めた多くの組織の成長を促します。インスリンの生産が低下すると，うつ病などの病気のリスクが増加します。インスリンの調節異常が起こると，海馬に乱れが生じるか，おそらく扁桃体でブドウ糖が不足し，それによってうつ病のリスクが増す可能性が出てくるのです。ほかの神経伝達物質と同様，インスリンは実際に発見されるよりも先に理論が成立しました。これは医学にとって深い意味をもつできごとであり，1923年のノーベル賞につながりました。基礎科学の研究室では，インスリンの発見は代謝作用，特に糖質とグルコースの研究の基礎となりました。これらの見識や発見，そして医学的治療が組み合わさることで，糖尿病の人々は何代にもわたって普通の生活を送ることができたのです。基礎となるメカニズムをより深く理解すれば，糖尿病の人々の生活はこれからもさらに向上していくことでしょう。

優れた，そして苦難のうえに築かれた脳テクノロジー（薬品，装置，生体物質，その三つの組み合わせなど）を通して，医学的研究と科学が人間という生命体のバランスをとり戻すために何ができたとしても，私たちにできることは，進化により与えられた電気的システムや化学的システムを補うことだけです。これらを理解できなければ，脳や身体のほかの部分のことも，ほかの人々とどう関わっていったらいいのかもわかりません。

百万年以上もの間，新しい生物学的な化学伝達物質が現れては多様化し，それらの遺伝コードが書き換えられ，複製されてきました。大型動物と同様，化学伝達物質という種も，現れては絶滅していったのです。そのうち，原生生物やバクテリア，菌類，植物，無脊椎動物などは，生命の起源に遡る古い歴史をもっています。チャールズ・ダーウィンが注目したように，進化においてはさまざまな生物で臓器や器官が保持され再利用される傾向にあります。まったく同じことがエンドルフィンやインスリン，チロキシン，エストロゲン，ドーパミンにもいえます。成長ホルモンを放出するゴナドトロピンのような分子は，無顎類が現れた頃と同じくらい古くから存在し，見た目もさまざまです。オキシトシンも古い分子群の中の一つで，対象と近づいたり触れ合ったりすることで分泌されるので「抱擁物質」とも呼ばれます。生物学的な進化において，このようなホルモンが有性生殖のために再利用されてきた理由はほとんど明らかでしょう。すべての生き物において同様に，進化は同じ分子をほかの役割に再利用したがるのです。生物学者たちの言葉を借りれば，オキシトシンは生殖の追求に加え，友情や子育てにおける乳の分泌などのプラトニックな目的にも「借り出され」ます。どの器官のどこに発現するかによって，用途に違いが出るのです。

あるいは，ビタミンDについて見てみましょう。ビタミンDは，分子的にさまざまなステロイドの前駆体にあたります。ほかのステロイドと同様，ビタミンDは扁桃体，視床下部，分界条の床核，そして傍小脳脚核や孤束核といった脳幹部分，脊髄といった主要な脳の領域に限局された受容体に結合します。ビタミンDは通常抗炎症性で，神経防護作用とおそらくは記憶に関連しており，免疫系を調節しています。風邪を心配する消費者は，高いお金を出してビタミンＤ入りのサプリメントを購入します。しかし，ビタミンＤを多く摂取すれば効果があるというエビデンスは今のところありません。

現実の世界で進化がどのように起こっているかを理解するのはもちろん，その裏をかくのは至難の業です。エピジェネティクス（基礎となるDNAを変化させることなく遺伝子の働きを変える）という肩書きのもと，伝達物質を生み出す遺伝子が，自らが機能している世界の変化にどう適応していくのかという疑問は，生物学において最も古くからある議論の一つです。本流の生物学は，「どうやって生き物が新たな特性を獲得していくのか」といった素朴な考え方に抵抗してきました（たとえば，キリンは食べるために首を伸ばしたから首が長くなったのだろうか？　といった考え方です）。しかし進化を基本とする最近の科学は，その考えに分子をもち込んだため，はるかに洗練された理論が出現したのです（成長ホルモンが正確な場所にあったキリンが生き残り，同じホルモンをもつ子のキリンを生み出したという考えなどです）。

遺伝子発現の進化の正確なメカニズムは，生物学者たちが今後も特に集中して注目していかねばならない分野として残されています。遺伝子の（つまり化学伝達物質の）スイッチがオンやオフに切り替わる様子には，一つの答えが確かに存在しており，それはメチル反応と脱メチル反応と呼ばれています。たとえば，アルコール依存症を発症してしまった子供たちは，肉親に育てられようが，育ての親に育てられようが，同じ確率でこの病を発症します。つまり，遺伝的要素が強いといえます[20]。しかし育ての親に育てられた子供たちは，アルコール依存症を予測よりも遅く発症する確率が高く，おそらくネグレクトや虐待などの環境的要因により，心と脳のループが生まれ，化学伝達物質をオンにした結果と考えられます。エピジェネティクスという学問では人を尊敬するわけでもなく，公正さを推奨することもありません。アメリカの研究者マーサ・J・ファラは，個人の脳のレベルに関し，幼少時に貧困を経験することと脳の発達には関連性があることを示しました[21]。百万人以上の人々が同じゲノム・スコアをもつと発見された大規模な研究において，高収入の父親をもつ家庭に生まれた子供は，低収入の父親をもつ子供より大学を卒業する確率が高かったのです。

神経科学者たちは，化学伝達物質を強化したり，削除したりする実験を構成する際に，自然のメソッドからヒントを得ています。化学伝達物質であるCRHを過剰に分泌するようつくり変えられたラットは，すでにお話しした通り，恐怖に対する反応をほかのラットよりも強く表しました。それらのラットからCRHを削除しても恐怖を表しましたが，適切なときに表すとは限らなかったのです。これは捕食者が近くにいるときには好ましくないことです。この実験結果により，恐怖にはたくさんの化学伝達物質が関わっていることがわかりました。そのなかには主に抑制作用のあるγ-アミノ酪酸（GABA）と，より興奮作用のあるドーパミンが含まれます。これらの化学物質は，恐怖に関する行動や，その病的な形態である不安やうつ状態を調節する助けとなっているのです。

私たちは化学伝達物質と化学的信号伝達システムを遺伝子操作によって変えられる時代に生きています。一つの伝達物質やシステムを変えると，ほかの多くの伝達物質やシステムも変えることができます。脳は生命体を支える基本的な構造をもっていると同時に，ある環境や状況下で作動するものでもあるのです。たとえば，現実には私たちの脳は水槽の中にあるわけではありませんが，もし水槽の中にあったとしたら，その水槽こそが考えるべき状況となるのです。

2

脳をつくる

20世紀の半ばまでに脳に関する大理論を確立することができなかった神経科学者たちは，新しいテクノロジーを使って脳を逆行分析しはじめました。ちょうど，早熟な10歳の子供が買ったばかりの携帯電話をバラバラにして両親を嘆かせるのと似た分析方法です。両親は，子供の尽きない好奇心が，やがてマサチューセッツ工科大学への進学の道を拓くかもしれないとわかっています。子供は，携帯電話の部品がもともとどのように組み合わされていたのか，どんな材料や原理から成り立っているのかを，虫眼鏡で見て学ぶかもしれません。もしかしたら，大人には思いつかない設計のブレイクスルーが起こる可能性すらあります。

エンジニアがよく他人が組み立てた装置を分解するのと同様に，子供も携帯電話を分解するうちにどう逆行分析したらいいかを思いつき，オリジナルよりもよい携帯電話をつくり出すかもしれません。神経科学者たちもこれと同じことをしたのです。脳をすでにわかっていること，つまり，電気的・化学的信号のシステムや，その両方のエネルギー必要量と最大限度，必要な空間的動態と時間的力学に基づいて逆行分析するのです。脊椎動物の脳の基本的構造や，無脊椎動物の多種多様な神経系の構造は，数百年間にわたり研究されてきました。進化に関する最も重要で，誤解を招きやすい議論のいくつかは，発生学から起こったものです。その多くは人間の胚が成長する段階で，魚や鳥の胚に似てくることを示した画像や，「個体発生は系統発生を繰り返す」という古いことわざ（反復説）にはじまります。実際は，そんなに単純ではありません。

アメリカの神経科学者ラリー・スワンソンが観察したように，一般的な人も脳の基本的な設計については知っています。なにしろ，みんな長い間脳と関わっていますから。この情報化時代では，誰もが脳について大量のデータを集積しているのです。しかし，そのデータはある状況にあてはめてこそ情報となります。脳内のつながりや，細胞のタイプや，その成長についても，私たちは豊富な知識（データ）をもっていますが，それが何を意味するかについてはあまり知りません。そうした豊富なデータに意味を与えるのが神経情報学という学問です。

神経科学者の多くは携帯電話をバラバラにする10歳児より少しは大人に成長していますが，彼らもかつては10歳でした。そして，大人になってもその尽きない好奇心は負けていません。もちろん，脳という生きたものを逆行分析するのは携帯電話とは勝手が違いますが，どちらにもれっきとした設計原理があります。携帯電話も脳も，処理スピードが速く，不必要に大きくなく，エネルギー効率がよく，ほぼエラーが出ないように設計されていればより素晴らしいでしょう。また技術者たちは，携帯電話が使用される環境，つまり気温やほかの携帯電話との互換性といった要素を考慮する必要があります。これは脳も同じなのです。

電話のような機器の原型がまだ製図板の上にあるとき，大事な疑問として浮かんでくるのは，どんな部品が必要か，その部品がすでに存在するものか，どのくらいの値段なのかということでしょう。部品が品薄だったり高値だったりするのなら，その製品に投資する価値はありません。ダーウィンによる素晴らしい洞察の一つは，生き物にも部品リストが存在するということでした。自然は化学物質や器官を保存し，再利用するのです。長い間棚に置かれた部品も，必要に応じてまた使用されます。ダーウィンの時代から100年かかってようやく，生き物のもっと深いレベルにも部品リストがあることがわかりました。アミノ酸でできたDNA配列のリスト，つまりゲノムと呼ばれるものです。

RNAによって配列がコピーされると，タンパク質がつくり出され，これらが生き物の数限りない機能に対する信号となります。遺伝子での小さな変更は，生命体においては大きな変化につながります。たとえばオプシンというタンパク質は，視覚に不可欠なものです。オプシンに何百もあるアミノ酸のうち，ほんの数個の変更で，赤色が見えたり，緑色が見えたりします。これらを操作することにより，科学者たちはこれらの色がまったく見えない目や，逆に見える目をつくり出したりすることができます。これが逆行分析のわかりやすい例です。こうした技術により，脳を探索する際の可能性が大きく拡がりました。

ダーウィンや設計についてあらっぽく話したり，生体系を携帯電話のような機械になぞらえたりすることによって，誤解を招くのは避けたいところです。実はダーウィン自身にも同じ問題が生じ，彼の遺産に陰りが生じてしまいました。一般的な言葉で設計や工学について語ったからといって，実際に「設計者」(創造主)がいたと示唆しているわけではありません。神学的なことについては，我々は中立の立場をとっていますが，ダーウィン自身がしぶしぶ認めた見解は固く支持しています。進化論に設計者は必要ないのです。実際はもしかしたら設計者が存在するのかもしれませんが，理論上は必要ありません。さらにいえば，後ほど例を紹介しますが，生きとし生けるものはある意味みんな賢く設計されているように見えます。しかし人間の目から見れば，もっとよい設計にする方法も数限りなく思いつきます。しかし長い時間と，生命体のもつ基本的な構成要素が，自然にその仕事を成し遂げてくれていることが多いのです。

実際，生物学者のなかには，自然は非常に巧妙にプログラムされており，思いつくうち最高の設計を選ぶのだと考える人たちもいます。これについても，我々は同意できません。設計について，我々は非常に現実的な立場をとっています。これを理解してもらうには，ものをなくすときに関する古いジョークを引き合いに出すのがいいでしょう。「なくしたものがどこにあろうと，それは必ず最後に探した場所にある」というジョークです。最後に探した場所を最初に見ることができたらどんなにいいでしょう。イギリスの進化生物学者リチャード・ドーキンスやその他の多くの研究者同様，我々は次のように考えています。自然が生命体に役立つ何かを見つけ，その生命体が繁殖して少なくとも次の世代に遺伝子を受け渡すまで生き延びることを助けたら，大抵は生命体が進化をそこでストップする，と。

設計原理どうしは衝突することが多いようです。部品が多すぎるよりは，少ないほうが望ましいように見えます。部品が少なくても多くの機能を扱えることもあれば，一つの部品が一つの機能を担わざるを得ないこともあります。たとえば，進化は一つのシナプスを使って複数の異なる信号をニューロン間で受け渡しする方法を「見つけた」ようです。しかし，モノクロ画像とカラー画像の両方を目で見る場合には，錐体《すいたい》細胞（色彩を感じる細胞）と桿体《かんたい》細胞（明暗を感じる細胞）という2種類の視細胞が必要となります。それぞれの部品でできることには，物理的な限界があるのです。エンジニアたちは，このことを常に肝に銘じています。たとえばイオンチャネルは電気的信号を伝達し，伝達物質は化学物質を運びます。しかし，二つの役割を入れ替えることはできません。そして，たくさんの異なるアイテムをもっていたほうが，将来改良が行われる際に有利なこともあります。

すべての異なる部品を，それ自体で理解することは困難です。何万人という神経科学者が存在し，それぞれがたった数個の，ときにはたった一つのアイテムについて研究しているのはそのためです。そしてその中に，脳をつくり上げることができるほど知識をもっている者や，コンピューターをプログラミングして脳を再現できる者は，一人もいません。この章の後半でとり上げますが，そうしたことが将来的に実現する可能性があるとしたら恐ろしくもあります。逆行分析に触発されて生まれた，脳をつくり上げる新しい技術の話へ移る前に，まず重要な疑問が存在します。

なぜ脳をつくり上げたいのか

生き物のなかには，脳がなくてもなんとかやっていけるものもいます。大腸菌と呼ばれる細菌は，表面に五つの受容体をもっており，これでやりくりします。大腸菌が人間のような温血動物の内臓の中を進むとき，これらの受容体がエネルギーをつくるためのグルコースやラクトースなど，生存に必要なものを拾います。そしてさらに栄養価の高いものを探し回ります。動き回るとき，大腸菌はべん毛と呼ばれるムチのような尾をキビキビと動かして汚物の中を進みます。そして大腸菌は，ちょっとした記憶すらもっています。受容体は１秒ほど自らの活動を感知でき，これによって大腸菌は自分のすぐ周りの環境で何が起こっているかを十分に「知る」ことができます。環境が生き残りや成長に影響する可能性があるからです。単純でささいなシステムですが，これは実際に脳の情報分子の中でコード化された記憶がしていることを，化学によって再現できる可能性を示しています。

大腸菌に与えられた才能は，身体の小ささと，約１時間という寿命を考えれば十分なものです。しかし個体として新しい条件に適応することはできません。個体群全体が生き残るためには，適切な遺伝子のバリエーションをもつほかの大腸菌に頼るしかないのです。したがって，特定の一個の大腸菌は，ほんの少し長く生きたとしても，生存のための厳しい条件が少しでも変わればうまく生き残れません。また，べん毛に対して身体が小さすぎるため遠くへは行けません。つまり，環境が変わった場合，限られた範囲の外へ餌を求めて移動することはできないのです。その範囲はほんの1ナノm（1/10億m）にすぎません。「汚らしく，粗野で，そして短い」。17世紀イングランドの哲学者トマス・ホッブズが，自然な状態の人間の寿命について述べたこの言葉は，大腸菌の寿命に関しては百万回もあてはまります。

ゾウリムシと呼ばれる単細胞生物になると，大腸菌からかなりレベルアップします。彼らは受容体に導かれ，池の中を広範囲に泳いで餌を探します。腐った植物や汚泥などがごちそうです。ゾウリムシの身体は大腸菌よりも数十万倍大きく，脇にせん毛と呼ばれる毛のような器官がついていて，これを使って移動します。逆方向へも移動でき，障害物があれば避けることもできます。ゾウリムシの敏捷性の一部は，ある重要なイノベーションによって可能になったものです。それは開閉するカルシウムイオンチャネルで，ゾウリムシの頭が何かにぶつかると，これによって後ろに下がる動きを担う尾の部分のせん毛に信号が送られます。全体として，ゾウリムシは単細胞生物としては悪くない生活をしているといえるでしょう。しかし，単細胞生物には有効なことも，多細胞生物にはあてはまりません。そのためには，脳が必要になってくるのです。

カエノラブディティス・エレガンスと呼ばれる線虫は，原始的な脳をもち，身体は1000個の細胞からできています。食べ物はゾウリムシと似ていますが，ゾウリムシに比べてかなり広い範囲へ泳いで食事をします。消化管もついており，脳内化学物質が働いて餌を探す行動に出ます。泥の中を移動でき，個体どうしの交流を促す化学物質のフェロモンを放出したり，感じたりする能力があるため，生殖活動もします。

カエノラブディティス・エレガンスは，脳があることで食べ物や交尾相手を探すことができるといえます。この脳は，身体を構成する全細胞の半分にやや足りないくらい大きいものです。つまり，こんなに単純な生き物でも，人生というゲームに興じるには，かなり多くの知性が必要であるということがわかるでしょう。400個の細胞からなるこの脳には，75個の運動ニューロンが含まれ，95個の筋細胞を調整しています。この筋細胞の働きにより，地形や遭遇する相手に反応して，非常に正確で，適応力の高い収縮運動を成し遂げることができます。しかし，這い回るための運動パターンの組み立てに脳を使わなくていいよう，筋肉と運動ニューロンの間には電気機械的フィードバックループを構成しています。情報システムを身体全体に配分することにより，脳がそれほどエネルギーを消費せずに済むからです。このとき，線虫の身体自体はちょうど分散型コンピューターのようになっています。これは，人間も含めたより大きく，複雑な構造の動物も利用している，ある概念を単純に示しています。それは，すでに我々が述べたように，脳が頭の中だけにあるのではないということです。

外の世界を感じ，それに反応する

大腸菌も，ゾウリムシも，カエノラブディティス・エレガンスも，生存と生殖のために必要な記憶だけしかもち合わせていません。しかし生き物が大きくなり，池の藻類や泥の外に動けるようになると，より多くの神経系インフラが必要になってきます。漫然と記憶と呼ばれているものには，外部と内部両方の情報を記録し，それを「食べる」「逃げる」など，特定の行動を選択するためのパターンに処理する能力が含まれます。外の世界を理解することは明らかな必要条件です。内部の環境を観察し，外にあるものと中にあるものを調和させるためにも，より大きい脳が必要になってきます。状況を管理するということは，反応を環境にマッチングさせることなのです。

マッチングを行うためには，さまざまな専門の役割を担う細胞や，組織，器官が必要となります。体内のほとんどの機能は，それぞれ独立して動いていると考えがちですが，実際はそれらをとり巻く外の世界と密接なつながりがあるのです。真に自律性をもつことは，死を意味します。たとえば，脳が食べ物の信号とマッチするパターンを感知したら，消化器官が唾液を分泌し，入ってくる食べ物に備えます。摂食行動の終わりで胃の内容物が排泄されると，身体は次の食料探しに備えます。ゼブラフィッシュと呼ばれる魚は，捕食者から身を隠すため身体の色を変え，風景に溶け込みます。身体の色の変化を促すのは，第1章で述べたCRHのような情報分子です。そしてまったく同じ分子が，脳内では光を避ける行動を促します。さまざまな形の行動適応において，情報分子の拡張が起こるのです。

どんな生き物の脳の構成要素も，生き物に一般的に見られるいくつかの設計原理に基づいています。

- それぞれの構成要素を，それ以上ないくらい小さくする。
- 小さくなった構成要素どうしを組み合わせる。
- 可能な限り化学物質を使って計算する。
- 長距離間で速く連絡するためには，電気的に計算し，配線コストを最小に抑える。

これらの設計原理を脳に適用すると次のようになります。脳細胞の数は最小に抑え，適度な厚さを保ちます。膜組織は大きすぎず，小さすぎず，しかし効率的で透過性をもち，それでいてまとまっている必要があります。脳は生命体が必要なことを成し遂げられるくらい大きく，しかし頭蓋骨に収まらなくてはいけません。もし頭蓋骨に収まり切れないほどの表面積が必要になれば，霊長類のように，脳は自らを折り畳みます。

内部のコミュニケーションにおいては，脳のシステムは化学的パルスよりも電位（エネルギーを運ぶために必要な電荷）の変化を好みます。化学的パルスは伝達が遅く，脳の資源を多く奪うからです。情報を運ぶために電荷を好むということは，可能な限り多くの仕事が細胞内で行われ，細胞間で行われているのではないということを意味します。細胞間で仕事を行うと，電気的伝令よりも犠牲が多く，扱いにくい化学伝達物質を必要とするからです。

メッセージが送られる際は，節約して本当に必要なものだけが，許容できる限り最も遅いスピードで送られ，脳細胞の集団でできている「電線」の長さと直径を最小化します。情報伝達の基本となる規則は，生存と密接に関係しています。「情報とは，状況Xと因果的な相関をもつ変数Yによる，Xに関する不確実性の減少である」[1]とケンブリッジ大学で教鞭を執る神経生物学者サイモン・ラフリンとアメリカの神経科学者ピーター・スターリングは表現しました。ある生き物が生存するには，その生き物が日常の中で，可能な限り驚くようなできごとに遭遇しないことが必要なのです。

脳のシステムは予測し，反応し，解決します。行動を駆り立てるような事象やモチベーション，食べることや動くこと，繁殖を促す刺激などに反応します。こうした刺激は内部にも外部にも存在します。ドーパミンなどの化学物質は内部の刺激の一つです。こうした化学物質は放出のための条件が満たされると，部分的には報酬を与えることにより，行動をまとめ上げます。それぞれの行動に対し，血圧や腎臓体積のような内部機能を準備し，調整しなければなりません。線虫よりはるか上位の複雑な生命体では，他者との交流，睡眠，性交など，多くの行動に対し，それぞれの状況に照らし合わせた準備と解決法が必要となります。

脳は大きいほど，安定した内部環境や，ニーズや利用可能な資源という観点から組み立てられた適切な反応を維持することができます。これによって広範囲に行動する生き物には幅広い行動レパートリーが可能になります。外部環境には時間の経過が含まれるので，生物は線虫に進化するまでに，たくさんの振動子を獲得しています（植物にもエストロゲンがあるのです）。振動子は脳内だけではなく，身体全体に存在します。1日におよそ24時間を記録するこれらの体内時計も，神経系の構造を理解する一つの鍵となります。生命体は，素晴らしい決断のシンフォニーをリアルタイムで行っているのです。

しかし，制約もあります。脳細胞はすばやく発火することしかできないため，多くの情報を処理するためには多くのエネルギーを消費します。大きな脳の構造ではこうした制約があらかじめ計算に入れられ，一部は独特の方法で組織されています。たとえば，$1mm^3$に5万個のニューロンが詰めこまれているなどで，これは驚くべき数です。

合成生物学

このような設計原理を心に留めたうえで，一つの脳をつくり上げる方法として最もわかりやすいのは，その生命体自体に存在する化学物質を原材料として使い，その生命体のプロセスや構造を，自然の状態でつくり出された，私たちがすでに知っている方法に従って再現することです。これがとても新しい分野である「合成生物学」がやろうとしていることで，生き物からとったツールキットを使います。最も直感的で合理的な方法は，下から進めるアプローチで，化学物質以外は使いません。もう一つは上から進めるアプローチで，特定の実験のゴールに従い，すでに存在する生体物質を再構成する方法です。

合成生物学のルーツは，細菌ウイルスからサルウイルスへDNAが接合，あるいは再結合された1972年に遡ります。実験動物のDNAを再結合することは非常に便利な技術となりました。とりわけこれによって，個々の遺伝子がそれをとり巻く環境下でどうふるまうかを科学者が理解できるようになったのです。この分野がエピジェネティクスと呼ばれます。

その10年後，再び大きな進展があり，ポリメラーゼ連鎖反応（PCR）という技術が発明されました。これはDNAのセクションを複製・増幅し，実験においてより扱いやすくする技術です。さらに10年後くらいには，DNAをつくり上げる遺伝子の断片を迅速に判断できる機械が開発されました。この遺伝子シーケンサーを活かすことにより，「ヒトゲノム計画」から大量のデータが出回り，細菌から人間まで，さまざまな生命体の遺伝コードを識別できるようになったのです。すると科学者たちはこれらのDNAの断片をつなぎ合わせ，新しい配列をつくり始めました。原理上，DNAの断片を合成して新しいゲノムを創造すれば，完璧な生命体がつくれるはずなのです。アメリカのJ・クレイグ・ベンター研究所が手がけた2010年のレポートによれば，同研究所では細菌性細胞のゲノムを合成し，それをゲノムを失った細胞へ移植しました[2]。ゲノムを失った細胞は，移植されたゲノムの命令に従って自らを複製したとのことです。

では，研究所の設立者である生物工学学者のJ・クレイグ・ベンターとそのチームは，生命をつくり出したのでしょうか？　それは受けとり方によって違ってきます。ゲノムの命令下での再生という基準から，彼らは「そうだ」と主張しましたが，ほかの研究者たちは，それを可能にするには宿主細胞が存在したはずだと反論しました。我々は本書においてこの議論を解決する気はありません。少なくともベンターのグループは，合成生物学のツールキットを使うことにより，自然界に存在するものと同様に機能する，しかし今までにない生命体をつくることが可能だという原理を証明してみせました。これはどんな尺度から見ても，かなり大きな功績です。この物語の次の1ページが，複数のグループによって引き継がれようとしています。アメリカの遺伝学者ジョージ・チャーチもそんなグループを率いる一人です。「GPライト」というプロジェクトで大きなサイズのゲノムをつくり上げ，細胞内でテストを行い，さまざまな遺伝子の組み合わせにより何ができるかを観察しようとしています。

理論上は，合成生物学を利用すれば，合成した細菌の脳の力を，必要とされるよりはるかに高いレベルに引き上げられるでしょう。しかし「理論上は」簡単でも，証明するのは難しいものです。さまざまな生き物の脳の遺伝子成分や実際の機能についてより深い理解を得るまでは，一体何をつくり上げようとしているのかはっきりわかりません。その代わりに，神経科学者たちはコンピューター・シミュレーションを使って脳を研究しています。確かにコンピューター上と実際の脳とでは大きくかけ離れた感じがしますが，生物学的に正しい情報さえ得られれば，予想するほど差は出ないはずです。はからずも，合成生物学につながる一連の発見において，コンピューターの力は遺伝子シーケンサーという形で，すでに不可欠な役割を果たしていたのです。

脳をコンピューターで算出する

急速に成長するコンピューターの力と処理速度は，遺伝学と神経科学を大きく変容させました。スーパーコンピューターと呼ばれるツールは，今や生体系のモデルをつくり上げるのに不可欠です。科学者たちはある生体系がどのような反応を示すか，実際にモデルをつくり上げる前でも予想できるようになりました。それと同時に，一つの，あるいは片手に収まるほどの数の細胞がどのような働きをするかについて，より多くの情報が得られるようになり，より有効なシミュレーションを構築しやすくなったのです。つまり，神経系のコンピューター・シミュレーションは，シミュレーションを設計することと，実際の細胞について研究することの双方向になったということです。

このプロセスがうまくいくという素晴らしい例を，2015年に「ブルー・ブレイン・プロジェクト」と呼ばれるスイス発祥のプロジェクトが，開始から10年目にして達成しました[3]。このプロジェクトのゴールは，ニューロンの三次元形状，ニューロンが生産するタンパク質と使用するチャネル，そして電気的刺激とさまざまなチャネルを通してニューロンどうしが交信する方法に関する情報を使用して，脳のコンピューター・シミュレーションをつくり上げることでした。結果として，ほんの砂粒ほどの大きさのラットの脳の一部が，3万7000個のニューロンによりデジタルで再構成されました。この試みにより，神経活動と脳の構造に関する情報が見事に表示されたのです。

それだけではなく，ブルー・ブレイン・プロジェクトは脳のシミュレーションがいかに高くつくかも示しました。脳のほんのひとかけらを三次元表示するのに，何十人もの科学者と莫大な資源の投資が必要だったのです。しかも，このきわめて小さい脳のかけらの設計図には，いまだに血管やその他たくさんの特徴が盛り込まれていません。擁護者たちは，「このプロジェクトで手がけたのはまだ最初の設計図なので，より大きいコンピューターが将来登場すれば改良が可能だ」と主張しました。ところが，批評家たちは「同じゴールを達成するのに，もう少し複雑ではない方法があったはずで，脳の機能を説明するためのシミュレーションを行う目的で完全なデジタル再現をする必要はない」と主張しています。

この問題に関して誰が正しかろうと，ラットの脳回路の研究が，ニューロンおよびニューロン間のシナプスの生体構造と生理学に関する大量の情報を提示した，優れたプラットフォームであると証明されたことは間違いありません。このプラットフォームは，大部分の現代神経科学と同様，第1章で説明した，19世紀後半から20世紀初頭にかけて活躍したスペインの科学者，サンティアゴ・ラモン・イ・カハールの見識をよりどころとして成り立っているものです。ブルー・ブレイン・プロジェクトから派生したスペインのプロジェクトは，彼にちなんで「カハール・ブルー・ブレイン・プロジェクト」と名づけられました。カハールは細胞染色技術により，ニューロンの間の脊椎など，当時の顕微鏡では見えなかった構造を見えるようにしました。これは半世紀のちの現在も引き続き，電子顕微鏡により研究されています(カハールの細胞染色技術を撮影すると非常に美しい画像になるため，2018年にはニューヨーク大学のギャラリーに展示されました。カハールから少し後の時代に活躍したアメリカの哲学者ジョン・デューイは，「科学研究の血管には芸術的な感性が流れている」と書きました。カハール自身による手描きの図は確かにそのような印象を与えます)。いくつかの構造はいまだに仮説段階ですが，今なお役に立つ概念であり続けています。皮質ニューロンは同じ刺激に反応する「コラム」でまとまっているという彼の考え方は，何人かの研究者には神経系の構造の鍵となる仮説要素とみなされています(ただし反対意見もあります)。

神経科学では，脳の構築はコンピューター上で行われます。このことに首をかしげる人もいるでしょうが，実はきわめて現実的な理由がいくつかあるのです。一つには，シミュレーションをすることにより，テストするべき仮説を立てることができ，実験がしやすくなることです。ブルー・ブレイン・プロジェクトで血管が抜けていたのと同様，シミュレーションが部分的だったり，多くの要因が抜けていたりしてもかまいません。そのせいで有益な情報が得られないことはないからです。とはいえ，物理学やゲノム学のシミュレーションとは異なり，脳科学のシミュレーションには独特の問題があります。実にさまざまなレベルのプロセスがあるため，ときおり抜け落ちてしまうものがあることです。こうしたことで，結果がもつ意味に大きな影響が出てしまうのです。

さらに現実的な理由は，研究者が現代脳科学の複雑さと闘わなければいけないということです。脳は膨大な情報が集められているため，多様な側面を外国のさまざまな研究室へ委託する必要が出てきます。委託される外国のチームの多くは，さまざまな異なるサブモデルについて研究をしているため，自分たちの前提の理解をまとめそこなうことがよくあります。たとえば，先行研究が意味することなどがそれにあたります。気候モデルなど，シミュレーションに取り組む必要のある科学全般にいえることですが，複数のモデルに生じた矛盾点が，予期しない対立する結果を調整するために「ごまかされて」しまう危険もあります。

「ブルー・ブレイン・プロジェクト」や「ヒューマン・ブレイン・プロジェクト」のように大きい現代神経科学のプロジェクトには非常にお金がかかり，多くの場合さまざまな国から公共投資が行われます。当然のことながら，投資を行った人々は作業の透明性を求めます。何億ドルものお金が関与してくると，たとえば過去のプロジェクトのどれが次のステップで最も実を結びやすいかなど，研究のアプローチ方法について神経科学者たちが下す決断の基準が，「どんな人が反対するか」になってしまいます。これが科学者ではない人々を困惑させる資源の配分の問題です。そして「ヒューマン・ブレイン・プロジェクト」のように大規模な一元管理された取り組みと，より小規模の研究者により管理される研究とでは，どちらの費用対効果が大きいか，それぞれの科学者で意見が割れるところです。

さらに，大規模なプロジェクトはその公共性の高さにより，使用するツールのはっきりとした説明や，ツールを使う意味への理解が常に得られるとは限りません。神経科学を含めたどんな科学でもそうですが，シミュレーションとは非常に具体的で，かつそのシミュレーションにより提起されたまだ大部分が仮説の段階にある問題を進展させ，（できれば）答えを出すためのツールです。しかし規模の大きい科学の，公共性の高い世界では，脳のシミュレーションは実際脳で起こるプロセスに対する説明ととらえられがちです。理解はできますが，大抵の場合それは誤解です。どうにかして，シミュレーションは再現と同じではないというメッセージを伝える必要があります。イギリスの作家で批評家であるレベッカ・ウェストは，芸術作品についてこう書き残しています。「宇宙の複写は芸術に求められているものではない。いまいましいものはもうたくさんだ」。科学におけるシミュレーションにも，同じことがあてはまる気がします。

脳科学のための「ウェットラボ」

状況を考えながら脳を研究するのは難しいものです。多くの実験の目的としては，必要のないことかもしれません。そして，脳全体をつくり上げること，ましてや生き物の中に構築することは簡単ではありません。学習や記憶などの脳の機能は，今まで利用されていたものよりもっと入手しやすい，適応性の高い実験モデルを使えば，はるかに生産的に研究ができるはずです。とはいえ，子宮内で成長中の人間の脳を入手することは不可能ですし，動物の脳の実験モデルには限界があることは周知の通りです。

したがって，二つの新しい「ウェットラボ」システムの登場により，神経科学者たちが従来は不可能だった方法で実験ができるようになったのはとても画期的なことでした。一つのシステムは2019年に科学雑誌*Nature*で公式に発表され，大衆紙でも大々的に宣伝されました。クロアチア出身の神経科学者ネナド・セスタンが率いるイエール大学のチームが，人工的な血液を開発したことにより，死後4時間経った豚の脳の基本的な細胞機能を再生することに成功したのです。この結果には実験していたメンバー当人たちも驚き，実験に加わっていなかった脳科学者たちの大きなコミュニティにも衝撃を与えました。彼らの論文の概要にはこう記されていました。「我々はグローバルな皮質電気活動なしで，細胞構築の保存，細胞死の減衰，血管拡張反応，グリアの炎症反応，自発的なシナプスの活動，活発な脳代謝を観察した」[4]。セスタンと同僚たちは倫理的なプロトコルに注意深く従い，また，高位機能に類似したもの，「意識」，その他の感情を実験対象がまったく経験しないことを保証するため，外科的に32匹の動物の脳を分離しました。そして，もしそのような兆候が現れた場合はさまざまな遮断薬や方策によって脳を冷やしました。その結果，基本的な哺乳類の脳を蘇生できることを証明し，長い目で見れば，脳梗塞などの症状を改善させるための神経リハビリテーションに大きな期待がもてることを示したのです。

脳オルガノイドは，脳の属性の一部を真似る細胞系です。脳オルガノイドの素晴らしいところは，適切な環境にある場合，細胞が自発的に組織化(自己組織化)し，皮層などの組織となったり，人間に特徴的な細胞種や，前駆細胞領域をつくり出したりすることです。幹細胞生物学の発展のおかげで，オルガノイドはどんな器官に対してもつくり出すことができます。しかし，神経発達と脳機能をより深く知ると，とりわけ面白いことがわかるのです。特に外側放射状グリアは，最近まで直接近くで観察することがほぼ不可能でした。オルガノイドは小頭症に関連する因子や，ミエリンおよび神経細胞とグリア細胞間の相互作用に異常を示す統合失調症などの疾患のために研究されてきました。シナプス刈り込みと呼ばれる，思春期に終わりを迎える正常な発育過程は，精神疾患を抱える人の多くではうまくいきません。これをオルガノイドによりモデル化できる可能性があるのです。オルガノイドはときおり「ミニ脳」とも呼ばれますが，脳と同じ構造はもっていません。レンズ豆と同じくらいの大きさですから，無理もないことです。しかし三次元構造をしているため，二次元の細胞培養モデルに比べると大きな利点があります。そして，2カ月ほどで最大の大きさになりますが，その後無制限に生き残ることができます。多くの研究室がオルガノイドモデルを採用するようになるにつれ，実験における再現性を考慮して，モデルの構造も標準化する必要が出てくるでしょう。

脳オルガノイドは，本書で初めて神経科学における倫理的問題，すなわち「脳神経倫理学」についてはっきりと述べるよい機会を提供してくれました。細胞を提供する人々に対し，彼らの細胞からオルガノイドをつくるということに同意を求めるべきでしょうか？　統合失調症を患い，妄想に悩まされている人でも同意することは可能でしょう。しかし，自分の脳の一部が研究室で育てられるということに不安を抱かない人はいないはずです。では，自閉症のような疾患をもつ子供はどうでしょう？　おそらく，未成年者からの許可が必要な場合は，両親か法的な保護者が代わりに同意を求められるでしょう。もしそのような子供たちが，細胞を実験に使用したいかどうか自分自身で判断できる能力があるとしたら，断ることはできるのでしょうか？

さらに当惑するのは，オルガノイドを長期間育てた場合，複雑な構造になり，知覚のようなものが芽生える可能性がほんのわずかながらあることです。より現実的なレベルでは，人間の脳オルガノイドはラットの脳と融合することがすでに示されました。人間の神経幹細胞を，ほかの動物の脳に移植してはいけないという幅広い科学的合意があります。このルールにオルガノイドは含まれるべきなのでしょうか。多機能性の人間の幹細胞を使う重要な研究には，オルガノイドのほうが動物の実験モデルよりもはるかに期待できると，多くの人は信じています。この倫理的な問題はまだ解決されていません。

どんなに脳オルガノイドが発達したとしても，最終的には動物の脳内であろうが，シャーレの上であろうが，脳で発生する病気の基本的なメカニズムを神経科学者たちが理解する助けにはなるだろうと我々は考えます。基本的な科学的問題を追い求め続ける理由はそれで十分です。おそらくは，切望されていた新しい治療法へと導いてくれることでしょう。しかし，オルガノイドから得られる知識にも限界があります。オルガノイドは本物の脳ではなく，豊かで，難しく挑戦しがいのある状況の中にないからです。脳はそんな状況の中でこそ，真価を発揮できるのです。

脳を探索する

20 世紀アメリカの神経心理学者カール・ラシュレーは，その輝かしいキャリアのほとんどをエングラムの探求に費やしました。エングラムとは，仮説に基づいた脳の場所で，記憶を保存するところとされています。しかし彼は探求の途中で不満を抱えることになりました。なぜなら，私たちが記憶と呼ぶものは，特定の場所に存在するわけではないからです。ここまではっきりとした事実です。我々はさらに，局所的にも分散的にも，脳だけが記憶を保持しているわけではないとまで主張しましょう。むしろ，スコットランドのエジンバラ大学で教鞭を執る哲学者のアンディ・クラークが述べたように，私たちは「自らが適応し始めているもしくはこれから適応しようとしている環境中の情報に，日常的に足場を組んでいる」[5]のです。結局のところ，私たちは環境の一部であり，私たちの中にも環境は存在します。これが拡張されたもしくは拡大した脳と我々が呼ぶものです。私たちが生まれつき授かった，環境の中でたやすく自分自身を助ける能力は，人間の脳の基礎を築いているさまざまな学習スキルと結びつきます。実際に，私たちは記憶装置をなじみのある環境にアップロードしているのです。

私たちが調査に使うツールは，人間がもつ基本的な能力を拡大してくれます。人間はほかの人々と手を携えて自分たちの周囲の世界を調査しますが，それは問題解決が社会現象だからです。科学はその極端な例といえるでしょう。脳は活発に動いており，探索的であり，保守的です。なぜなら神経資源は代謝に関して高くつくからです。脳は存在するだけですでに私たちがとり込むカロリーを大量に消費してしまうため，脳のシステムが期待される結果を先に予測することは理に適っています。つまり，習慣をつけることです。予測することにより，私たちは大体行きたい場所へ行けますが，それは予測が過去の体験の集積だからです。これによって資源が最大限に拡大し，神経機構が予測と結びつけられるのです。

イギリスの神経科学者カール・フリストンと同僚たちは，アメリカのプラグマティスト（実用主義哲学者）のチャールズ・パースとウィリアム・ジェームズによく似たアプローチで，驚きの最小化について，また予測が間違っているときの脳システムの更新〔人工知能（AI）システムの「ディープ・ラーニング」と同様の〕について述べました[6]。習慣はこの場合，法典化を意味し，神経のエネルギー消費を削減しやすくなるのです（*FOXP2*のような遺伝子が運動調節の基礎となり，習慣の形成を可能にします）。感情や情動も，予測を介したエネルギーの保存には重要な役割を果たします。脳はこの感覚と運動の統合を，神経系のありとあらゆる場所に搭載しているのです。脳は問題解決という状況の中に設置された能動装置であり，欲求（探索）行動や自己充足（満足）行動はのちの後続行動の多くを前もって予測させます。

脳はいつでも活動しています。休息しているときも，することのない状態でも，タスクを成し遂げようとしているときも同様です。予測する脳として特徴づけられることになった脳には，事前確率を計算する特定の領域が欠かせません。18世紀イギリスの数学者トーマス・ベイズにちなんで名づけられた「ベイズの定理」は，情報を統合し，予測をする過程において，脳がどのように不確実性を合理的に使うかについて，考えうる説明の一つを呈示してくれます。脳が私たちの体験を整理する際には，ある学習した事象が繰り返される可能性が考慮に入れられます。欲求（探索）行動は，正常機能の中にある計算機の能力と，脳の余計なエネルギーの消耗を最小化する行動習慣に助けられます。探索フェーズは代謝に非常に高くつき，グルコースを消費する神経機構であり，長期間は適応できないことがわかっています。グルココルチコイドは抗炎症性の物質で，神経組織に対する影響を抑制し，健康を長続きさせるのに不可欠です。

満たされない期待によって習慣が中断されると，さまざまな形の学習が活性化されます。すると脳は探索メカニズムを把握し，そのなかにはさらなる学習が含まれており，さらにエネルギーが消費されます。いい換えれば，この戦略は多くの場合，予測能力を拡大し，それによって神経のエネルギー消費を削減することで，どんなときでも効率を最大にすることです。言語や運動など，統語論的（文法のような規則に従った）関係は，運動皮質と大脳基底核でまとめられます。習慣の形成は，行動をまとめるためには不可欠なのです。ステロイドは大脳基底核での副腎皮質ステロイド結合も含む神経サイトどうしの結びつきを強め，神経機能を安定化・正常化するための資源を集めます。

意識が説明された可能性

ウィリアム・ジェームズが，意識はものではなく，私たちが環境に対処したりできなかったりする際の気づきの中で焦点化する事象と考えるべきだと述べたことは有名で正しいことです。意識は私たちに影響を及ぼし，ある意味重要な事象に対する注意に根ざしています。活性化した心（むしろ「心がけ」とでも呼んだほうがいいかもしれません）は，個々の人間が参加している一連の事象と関わっています。私たちが体験するこうした事象は，適応の生物学に根ざしています。ある事象が意識的であるかどうかを定義することは不可能かもしれません。それよりも事象が私たちの意識にのぼったり経験の一部になったりする様子には，一連の曖昧さがあると認めるほうが重要です。私たちは，この世界に存在していると意識している限り，起こりつつある事象に対して注意を向けているのです。そこに自分が参加しているか，していないかは関係ありません。

ジェームズは，大部分の事象は私たちの意識と関連していると強調します。私たち個人のアイデンティティと自意識は記憶と結びついており，記憶と注意は「意識の流れ」という彼の有名な概念の特徴だと述べました。今のところコンピューターはこういうものをもっていませんし，ゾンビは絶対にもちえません。有機物と無機物の組み合わせに，意識はつくり出せるのでしょうか？　生命科学者たちはそうした異種交配によってつくり出した心にも，有機物の，あるいは生物学的な貢献により，意識は宿ると考えがちです。物理学者はそこまで確信をもてません。生命の基本構成要素である分子は，非生命体の構成要素でもあるのだから，非生物学的な心があってもおかしくないのでは？　と主張します。

「生命のない」心が存在しうると想像してみましょう。その場合，意識はおそらくスーパーコンピューターのデジタル容量のように個別素子を無理矢理組み合わせるだけではつくり出せず，流れのようになるはずです。生物学は，機能のリストのように単純に要約することはできません。少なくとも，私たち人間の動物としての性質についてわかっていることを基本にすれば，それが真実に思えます。ジェームズは次のように断言しています。「流れの存在は根本的な事実であり，その性質と起源は私たちの科学において不可欠な問題である」[7]。オーストラリアの哲学者デイビッド・チャーマーズが「意識のハード・プロブレム」と呼ぶ，物理的なもの（たとえば脳という生体系）と意識的であることの質（すなわち，脳のすることの大部分）との関係は，本当に問題（プロブレム）なのでしょうか？[8]　それとも，実際は擬似的な問題で，一見意味ありげな考え方が，問題になりすましているだけなのでしょうか？　一つ確かなことがあります。意識は「内側」にいるとはどのようなことかに関する何かを含んでいます。デカルトのコギトに似たものか，あるいは，アメリカの哲学者トマス・ネーゲルが自身の有名な論文のタイトル「コウモリであるとはどのようなことか」[9]にまとめたようなことかもしれません。コウモリになることがどのような感じであれ，それは何かに似ていて，何らかの経験の質であり，「内側」にあることなのです。

たとえば，脳の情報処理をシミュレーションするという挑戦について考えてみてください。そして，多くの人がしたがる，処理スピードを上げるということについても。神経科学者たちは脳を援護し，シミュレートし，神経の能力を向上させるのに最適な物質を探しています。しかし，人工物や非生物学的な組織を使ったシミュレーションと，本物の神経組織を使ったシミュレーションの間に混同があってはなりません。神経の計算能力を向上させれば，コンピューター（シリコン）やその他の「人工的」な物質を使う場合よりも情報処理が速くなるかどうか，はっきりとはわかっていません。神経の計算能力を増大させるさまざまな種類の物質が今研究されています。そのような物質を脳に注入することは難しいでしょうが，究極的にはそれらを移植することはできると我々は信じています。ただし，生物の身体は非生物学的な組織に対し拒絶反応を示すという問題が解決してからですが。

非生物学的組織に対する拒絶反応は，脳は生き物であり，不活性な計算装置ではないということを確実に思い出させてくれます。生物学的な化学信号システムが理解され，非生物学的組織の中に統合されるべきです。たとえば，免疫システムの信号プロセスは，サイトカインなどの情報分子の活性化と調整を一部反映したものです。一方，免疫学における化学伝達物質のシステムは，ペプチドと神経ペプチドです。これらの信号ペプチドを統合する方法を理解することが，健全な免疫システムが非生物学的物質を受け入れることを可能にするためには不可欠です。

したがって，脳の生体内での人工的な組織に対する拒絶反応または受容について学ぶことは，「シミュレーションの戦略的な進展」と「脳の特性の中での再生」の融合を意味します。どのくらい正確に脳の活動をシミュレーションできるかという問題についてはひとまず先送りにして，シミュレーションする能力は脳の情報処理を理解するのに大いに役立つということに注目しましょう。その時点で，すでに人工的組織と脳の組織を二つの異なるカテゴリーに分ける必要はなくなります。

真の脳のシミュレーションは単なる機能の実現以上のものでなければなりません。「具体的なケースにおいて，誰かの恐怖や痛みを，とにかく疑ってみよ」というのは，オーストリア出身の哲学者ルートヴィヒ・ヴィトゲンシュタインの「他人の心」という恐ろしい問題に対する挑戦の姿勢でした。ここでヴィトゲンシュタインは私たちに，可能ですが取るに足りない（他者には意識がないという命題を考えることは自己矛盾ではないという意味で）デカルトの疑いを超えて我々が合理的な疑い[10]と呼ぶものをもつことを求めています。

合理的疑いは取るに足りない疑いではありません。サイコパスと分類される人々は，「具体的なケース」において他者がもの以上の存在であると理解できません。正常な脳では，他者の恐怖や痛みを感じることにより，共感という，深く，太古より存在するプロセスが起こります。そして共感するには，まず他者に関心をもつことが必要です。共感しているとき，つまり他者の不幸や歴史的・個人的状況を解釈しているときには，大脳新皮質の領域が活性化します。他者の不幸や，精神的もしくは実際の痛みを感知するには，皮質および皮質下の組織の両方の幅広い範囲を必要とします。また，共感は，他者の状況を考慮し，自分自身を少し乗り越えるための時間を要します。これが簡単にできる人もいれば，なかなかできない人もいます。

他者の心に対する哲学的疑いは，サディスト的行動に出ることの言い訳にはなりません。古代ギリシャや古代ローマ時代から，法律制度はサイコパスであっても赦免を与えてはいません。暴力的犯罪はあくまで犯罪で，裁判所が有罪か無罪かを決め，話が終わります。しかし，情状酌量すべきと思われる状況によっては，死刑といった最も厳しい判決でも，刑が執行されない場合があります。たとえば，犯人自身が虐待の犠牲者であり，神経障害の症状を示しているときなどです。

また，異常な事態においても，他者の心に対する哲学的疑いが倫理的に責任を回避させてくれることはありません。たとえば，生命維持装置を外して死の宣告をするかどうか決めなければいけないときなどです。遷延性植物状態において，人間は，世界や自分自身をすでに認識していません。このことはアメリカで1970年代半ばに起こったカレン・アン・クィンランという女性をめぐる訴訟事件により広く知られるようになりました。クィンランは医学の歴史上，患者が優れたケアにより人工栄養法を受け，感染症を抑えることができる時代になった頃に意識を失いました。彼女は9年以上も生き続け，十分な脳幹の細胞が自力で呼吸できるように発火し続けながらも，植物状態にありました。現在では，もし患者がそのような状態で生き続けることを望まない場合は，法的な意志決定者が患者の代わりに依頼すれば，人工栄養法を外すことができます。

神経学的診察を重ねた結果，患者によってはうっすらと意識があるという新事実が判明しました。ある程度の知覚があり，植物状態ではないのです。しかし，ある時点でこうした患者のほぼすべてが脳死と呼ばれる状態に進行します。これは歴史的な死の基準であった心肺の死にとって代わるものになってきています。1968年,「ハーバード大学特別委員会報告」以降の数十年間で，アメリカではすべての州が「統一死亡判定法」と呼ばれる法律（またはこれから派生した法律）を採用しました（ただし，ニュージャージー州だけは脳死に対する「良心的診療拒否」が法律で制定されています）。しかし，脳死の診断にいき着くまでの手段にはまだばらつきがあります。これにより，人間の胎児がいつ意識をもち始めるかについて，特に痛みを感じる能力に関しては，さらに白熱した議論が続いています。このような医学倫理上の議論がいまだに活発かつ感情的に行われている事実は，形而上学的議論をよそに，意識というものがとても真剣に扱われている証拠でしょう。

脳をシミュレーションする

他者の心が存在するか否かという重い問題は少し脇に置いておいて，「意識のある脳をシミュレーションすることは可能か」どうかについて考えましょう。神経科学者たちは概《おおむ》ね，意識の性質に関する問題を避けてきました。彼らは意識を不可解なものとし，曖昧なものに面白半分に手を出したがる熱心な哲学者たちに任せてきたのです。しかし，「正しい設計原理に基づけば脳のシミュレーションは可能である」という考え方は，この問いかけを少し立派に見せてくれる一因となっています。

イギリスの数学者アラン・チューリングは，1950年，彼の名前のついた有名な「チューリングテスト（機械に人間のような知能があるかどうかを試すテスト）」を提案しました。その試験において，一連の問題に対する計算機の反応は意識同然になることがあるとしました（この試験において本当に計算機に意識があったと「証明」されたのか，人間の尋問者がだまされやすく，意識があると解釈してしまっただけなのかについては，たくさんの議論が交わされました）。イエール大学で教鞭を執るコンピューター科学者のドリュー・マクダーモットは，AIの研究が意識の性質に関する質問，特に「意識をもつコンピューターが存在するのか」という質問にどう答えるかについて，興味深い見解を展開しました。総説においてマクダーモットは，彼が「ムーア／チューリングの必然性議論」と呼ぶ一つのストローマン（歪められた内容に基づいて反論する誤った論法）から始めました。これ自体がアメリカのロボット研究者のハンス・モラベックと，発明家レイ・カーツワイルの間で起こった議論の再現だったのです[11]。この議論はチューリングテストとムーアの法則を組み合わせたもので，コンピューターの計算能力はおよそ2年ごとに倍増し続け，次の疑似三段論法に帰結するというものです。マクダーモットの表現によれば以下のようになります。

1. コンピューターはどんどん高性能になっていっている。
2. この増大するパワーにより，コンピューターは数年前までは実行不可能とされていたタスクをこなすことが可能になっている。したがって，私たちが現在実行不可能とみなしていることも最終的にはコンピューターによって実行されると推測するのは妥当なことである。
3. 私たちが人としてこなしている能力の一つのセットをあるシ

ステムが備えていれば，これを選択する。これには普通の会話を交わすことや，ポーカーが上手なしゃべるロボットになることなどが含まれる。私たちはそのシステムを一つの同じポーカーテーブルに座った人物と同じように扱う。

4. 私たちはこのようなロボットに意識があるとしたい圧倒的な衝動を感じるはずである。
5. ロボットに意識があるように扱いたくなるこの圧倒的な衝動は，生き物には意識があるという唯一の証拠である。実際，それは本物の人間には意識があるという唯一の証拠でもある。

しかし，マクダーモット自身は「ムーア／チューリングの必然性の議論」について，論点先取だとしていました。なぜなら，証明しようとすることを前提としているからです。私たちがほかの人間たちに適用するのと同じ基準に従って，コンピューターには意識があるという「圧倒的な衝動」と「唯一の証拠」が存在しているとしているだけですから。マクダーモット自身の見解は，意識は知的システムが自らのプロセスをモデル化した結果であるという議論と証拠に依存しています。コーヒーの入ったカップを取るために腕を動かした後，私たちの脳のシステムは，その行動を意図的行為の意識経験として自己モデリングすることにより説明します。このモデリングは，コーヒーカップに手を伸ばすという行為に至るまでの力学的・化学的なプロセスをすべて説明するシステムに比べたら，非常に効率的です。その存在を強制的に人間と似せて生み出された知能ロボットは，どんなものでも，人間と同じようなモデリング能力があるはずです。意識とは自己シミュレーションなのです。

マクダーモットの議論をここですべて再現することはできません。我々に言えるのは，アメリカの哲学者ダニエル・デネットが，非常にマクダーモットの見解に近いということです。長い間内観の正確さについて懐疑的な立場をとっているデネットは，コンピューターのデスクトップ上のファイル・アイコンの操作を意識のアナロジーとして説明しています[12]。コンピューターのマイクロチップが行う1や0を使った演算について，操作している私たちが知る必要はありません。ファイルアイコンがあれば十分なのです。事実，ソフトウェアやハードウェアの動作の詳細について，毎秒すべてを知ったとすれば，常軌を逸した情報過多状態になります。その代わり，人間には進化によって，意識という便利な「ユーザー・イリュージョン（コンピュータを操作する際のグラフィカル・ユーザー・インターフェイス）」が身につき，私たちのニーズに見事に合致しているというわけです。これはここで詳細まで追える問題ではありません。しかし，脳のシミュレーションにおける神経科学は，意識の性質についての哲学的な考え方に影響を及ぼしているのです。

スウェーデンの哲学者ニック・ボストロムは，生物学的なモデルと比較すれば，シリコンをベースとしたAIは，生物学的な脳と機能的に同等の何かをつくり上げるのにより有望で，必然的ですらある手段だが，潜在的に非常に危険でもあると主張しました。人間の脳と同じくらい知性の高い機械は，自身をプログラムすることができ，ほかの機械も開発できます。したがって自身のシステムにそれらを統合することができ，計算能力を大幅に拡大することが可能で，ボストロムが超知能[13]と呼ぶものを勝ちとるまでになります。このような装置が，計算タスク（たとえば不可能に思われる数学的問題の解決など）の完了に役立つあるゴールを策定したとしましょう。すると，原理上，地球上のすべてのもの，あるいはそれ以上を支配下におき，情報処理の仕事に就かせるかもしれません。そのような結果は人間の生存が完全に超知能に依存することを意味するだけでなく，人間の生命そのものの終わりにつながる可能性を示唆します。

ボストロムの考えは多くの議論を巻き起こしましたが，こうした考えをもっていたのは彼だけではありませんでした。有名人のなかでは，今は亡きイギリスの理論物理学者で宇宙論研究者のスティーブン・ホーキングと，アメリカの企業家イーロン・マスクが，AIが人類を乗っとることに警鐘を鳴らしました。一方，アメリカの哲学者ジョン・サールのように，ボストロムの議論全体が間違っていると考える人々もいます。我々は主に，この議論を解決することではなく，人間的な知能の宿るものは生物学に基づいている必要はないという考え方に興味をもっています。原理上，知能がシリコンベースのものであってはいけない理由はまったく存在しないように思えます。しかしコンピューターがその段階にいき着くまでには，とてつもなく長い道のりがあるでしょう。脳あるいは脳と同等の機能をもつものをつくり上げることからは少し飛躍しますが，本書でのちにとり上げる「脳アプリ」は，コンピューターのプログラムを書き換えるよりも設計・実装が難しいものです。ボストロムが指摘しているように，眠る，栄養をとる，運動する，病気を避けるなど，生物学的な知能を向上させる基本的な方法だけでは限界があります。神経生物学と遺伝学の恩恵は，未来にならないと受けとれません。しかし，そんなに遠い未来ではないでしょう。携帯電話やインターネットのサーチ・エンジンのような道具も，セミナーや専門雑誌のような，古くからある集合知と組み合わせることにより役立つものにはなります。でも，そのような方法で人々の知性を向上させるのはとても大変に違いありません。

しかしボストロムは神経科学を諦めたくはなかったのです。むしろその逆で，機械の利点を最大限に活用するため（生物学的な脳がもっている学習ルールよりよいものをつくり出すなど）には，機械の基本設計を人間の脳をモデルにしてつくり上げるべきだと考えていました。そのためには，非常に薄くスライスした脳の画像に基づき，コンピューターで生成した三次元マップが必要になります。これは，アメリカのアレン脳科学研究所で行われている仕事と同様のものです。アレン脳科学研究所は，2003年に今は亡き慈善家ポール・アレンが，何億ドルもの資金を投じて設立しました。最初の10年間は数百人の科学者たちが膨大な量のデータ収集に専念し，結果としてげっ歯類，マカクザル，人間の脳細胞とその発達を描写できるようになったのです。彼らの仕事の次の段階の多くを占めるのは，2020ビジョンと呼ばれるプロジェクトで，人間の脳と基本的なハードウェアが同等といわれるネズミの大脳皮質に基づいた調査です。リスクの高いこのアイデアは，脳の「灰白質」，すなわち皮質の構造を画像に表すことで，その後電気的な活動を計測し，機能がいかに構造によって決められるかを学ぶためのものです。何年もかかる作業で作成されるネズミの脳に基づいたコンピューターモデルには，脳観測所もしくは「心観測装置」と呼ばれるものが組み込まれ，世界中の神経科学研究室の装置の一部となる予定です。

スイスの神経科学者でヨーロッパの「ヒューマン・ブレイン・プロジェクト」を率いるヘンリー・マークラムは，ある意味においてボストロムと正反対の立場です。機械による超知能のリスクの存在を憂《うれ》うどころか，EUを説得して数十億ユーロを投資させ，コンピューターの中に人間の知能をシミュレートしようとしています。「ヒューマン・ブレイン・プロジェクト」の戦略はアレン脳科学研究所のミッションと密接な関係をもちます。世界中の神経科学研究室から出てくる膨大な量のデータを高速処理することで，新しい計算プラットフォームを使い，最終的にはすべての情報を一つのシステムに統合することです。そうしたプラットフォームには，改良されたコンピューター・チップなどの新しいハードウェアと，脳の活動の数学モデルが含まれます。神経科学から出る洪水のように膨大なデータをまとめるために，より多くの投資がなされることに関しては，ほぼすべての人が賛成しており，医学などさまざまな分野に大きなイノベーションをもたらすと考えています。

ただし，人間の脳のシミュレーションが可能かどうかはもちろんのこと，望ましいかどうかについては，すべての人が賛成しているわけではありません。人間の脳をシミュレーションするとはどういうことか，その意味がわかっている人はいないのです。なぜなら，シミュレーションは再現ではないからです。たとえば，マークラムの「ヒューマン・ブレイン・プロジェクト」のコンセプトは，一度改革を余儀なくされました。認知神経科学者たちが，思考など高次の脳機能を研究する余地がないように見える，と指摘したためです。彼らから見れば，「ヒューマン・ブレイン・プロジェクト」でできたのは，脳細胞がどのようにつなぎ合わされているかについてたくさんの情報をまとめることだけだったのです。本物の脳が，たとえば学習など，特徴的なことをどのように行っているかを明らかにすることはできませんでした。もし彼らが正しければ，神経科学者は人類の未来をあれこれ心配するよりも，大げさな約束をするEUについて心配するべきでしょう。

ボストロムやマークラムのような人々は，お互い話がかみ合わないかもしれません。ボストロムおよび彼のアプローチをとっている研究者たちは，大体において思考の生物学に興味がないようです。彼らの先駆者である1970年代の機能主義者たちのように，彼らは物質そのものが重要ではないと考えているように思えます。マークラムと彼の同僚たちは，化学こそが重要で機能は表示すべき情報から脱落してもよいと信じていました。しかし，ボストロムとマークラムは，基本となる仮説は共有していました。多くの研究者も支持する仮説ですが，脳はコンピューターにたとえると一番よく理解できるというものです。しかしこのたとえは，それ以前に存在した体液，水力機関，精気，時計，発電機などといったたとえと同様，極度に限定的で，警戒すべきです。このようなたとえはすべて，脳についてのデータをある程度整理するには役立ちますが，脳のすべて，そしてその状況についてとらえたものは，一つもありません。

賢いネズミか，賢いAIか

脳のシミュレーションの可能性がどんなものであれ，AIシステムをより賢くするために神経科学が利用されている方法には，もう一つ見落とされた問題があると我々は思っています。げっ歯類に人間のニューロンを移植して賢くする見込みは少なくなりましたが，賢いコンピューターを開発する可能性は拡大し続けています。2016年に，「アルファ碁」というコンピュータープログラムが，囲碁のプロ棋士を負かすことができると証明しました[14]。こうした機械学習のアルゴリズムは，それら自身に，新しく人間のようなスキルを教え込み続けます。たとえば，顔認証がそれにあたります。ただし，普通の人間より能力は優れています。対照的に，脳オルガノイドという人間の神経系細胞のシステムをネズミに移植しても，迷路をそれ以上うまく走るようにはならなかった[15]と示す論文がまた一つ発表されました。げっ歯類の実験に関してはたくさんの規定や不快なことがつきもので，AIの長期の「実存的リスク」にもたくさんの恐ろしいことがともないます。ところが，コンピューター内の知能が日を追うごとに人間に近づくことに関してはそうした懸念はありません。なぜなのでしょう。

人々の注意が，賢くなったげっ歯類の動物がもたらす恐ろしい可能性からそれたことはありません。2000年，アメリカのスタンフォード大学で教鞭を執るアービング・ワイズマンは，人間の神経細胞をマウスの胎児に移植することを提案しました。この提案は人間の神経細胞を生体内で観察するのが目的でしたが，即，人間と非人間のキメラ（二種以上の動物を融合させたもの）にまつわる倫理的な問題について議論に火がつきました。当時のアメリカ上院議員サム・ブラウンバックは，このような生き物をつくり出すことを犯罪とする「人間キメラ禁止法」という法律を提案し，制定されましたが，その定義はほとんどが交配種に関するものでした。第43代アメリカ大統領のジョージ・W・ブッシュは，2006年の一般教書演説で，「人間と動物の交配種」の禁止を求めました。「驚くべき知能の向上」という事件は，動物の研究よりもむしろAIの領域で起こる可能性がはるかに高いのです。どちらも信じがたい話ですが，AI知能の向上の基準については，いまだ論争中です。それに対しげっ歯類の頭蓋骨の大きさといった物理的な限界は，移植による人間化効果の決定的な限定因子に思えます。

先見の明や予測を頼りにしているプロセスや研究機関を管理するシステムとして，先見的管理というものが定義されました。これはリスクを減らし，問題に対して着想の初期段階で対処する効率的な方法を発展させるため，あるいはすべて阻止するためのものです。これは新たな技術を社会的に統制するための手続きのパラドックスである「コリングリッジのジレンマ」に対処するものです。コリングリッジのジレンマとは，「発展の初期段階で技術の影響力を予測するのは困難だが，実際に実行に移した後では技術の管理は難しい」というものです。

先見的ガバナンスは，基礎的な生命科学において規制の枠組みを決めるためによく使われる手段です。極端な例では，組み替えDNA技術と機能獲得型ワクチンの研究に対して一時停止が採択され，それぞれのケースで安全基準およびリスクと効果についての見直しが求められました。こうした一時停止は重要人物が提言する場合もあります。正式には実行されていなくても，遺伝子編集のケースなどのように，こうした提言が系統的再検討につながることもあります。そこまで極端でない例を挙げると，米国科学アカデミーがヒトES細胞およびiPS細胞の研究に対し，実行基準を公布したことがあります。こうした幹細胞の研究のガイドラインに対処する際に懸念されるのが，人間以外の動物の知能を不注意で人間化してしまうことです。人間からその他の動物へ神経組織を移植する際にも，脳オルガノイドを使った研究であれば同様の懸念が生じます。

知能を向上させることに関する同様の議論がAIの世界で起きています。短期的な懸念のなかには，AIをベースとしたシステムが，トラック輸送など大勢の低スキル～中スキルの人々を雇用している労働市場に混乱をもたらすことがあげられます。相乗りアプリは，すでに世界中のタクシー業界を激怒させています。GPS技術は自動運転車にとって重要な，しかしまだ準備段階の基礎技術です。こうしたアプリケーションはすでにほとんど使用可能で（ものによっては市場に出回っている車に組み込まれており），さまざまな政策提議が検討されています。しかし，最悪の結果を防ぐ手段はなさそうに思えます。

AIを改良することの長期的な懸念は，極端に知能の高いシステムを不用意につくり出してしまうと，人類にとって実存的なリスクとなるということです。さまざまな著名人がこの懸念を表明しており，そのなかにはスティーブン・ホーキング，レイ・カーツワイル，イーロン・マスクなどがいます。ボストロムはこのような事象に対する，最も体系的なシナリオを策定しました。このシナリオの詳細は彼の著書『スーパーインテリジェンス』に掲載されています。部分的または完全に自意識のあるAIが生まれれば，破滅のシナリオとまではいかなくても，世界が大きく変わる事件となります（そのようなAIの定義や基準がはっきり定まっていない場合でも）。たとえば，急成長している分野である機械学習では，アルゴリズムが経験によって向上すれば，システムが作動している間にニューロンが次々に変化するような神経回路網を複製できるようになります。このような人工的な神経回路網は，外見上は生物学的な神経回路網に似ることはありません。なぜならそれらは電気化学的にはならないからです。しかし，タスクをこなす機能として同等か，もしくはそれ以上の能力をもたないという理由は存在しないように思えます。そしてもし同等かそれ以上の能力をもったとしたら，その神経回路網は自意識があるか否かという基本的な哲学的問題に戻されることになります。スウェーデン出身の物理学者マックス・テグマークが観察したように，「進化が私たちの生物学的ニューロンをこれほど複雑につくったのは，たぶん必要だったからではなく効率的だったからだ。そして進化は，人間の工学者とは反対に，単純でわかりやすい設計に見返りを与えない」[16]のです。

しかし不思議なことに，AIの進歩についてさまざまな業界から懸念が表明され，理論的にはある種の規制が推奨されているにも関わらず，政策的含意を検討するために組織されたグループ（スタンフォード大学の「AI100」など）は，ホーキングと同僚たちが予見したより極端な結果に関しては，先見的ガバナンスを行っていません。むしろ彼らは，AIにあらゆる意味で意識がないとしても，より起きやすい混乱（たとえば市場の崩壊）に注目しているのです。したがって，知性の高いAIに関する極端な懸念と先見的ガバナンス戦略の間には，ギャップがあるのです。この規制のギャップを修正するためのプロジェクトが立ち上げられれば，生体研究によってもたらされたさまざまな先見的ガバナンスの意見が，コンピューターの知能向上研究の規制の枠組みを進展させるのに役立つかもしれないことを理論化できるでしょう。プロジェクトでは一連のワークショップが開かれ，生命科学の倫理と法律に詳しい人々や，AIに関連する分野に従事する人々が参加するはずです。プロジェクトの目指すゴールは，基礎的な生命科学の先見的ガバナンスをともなう経験が，コンピューター内で向上した脅迫的なタイプの知能の出現につながる可能性のあるAIの発展に情報を提供できるのか，できるとすればどのように行うのか，ということです。論文が委託され，全会一致の報告書や推薦状が用意されるでしょう。このようなプロジェクトが現在は存在しないという事実と，このような問題には巨大な公益性があるということを考えれば，これは影響力の強い取り組みになるでしょう。

一歩後ろに下がってみる

我々がはじめから強調してきたように，脳の大理論をまとめようとする試みは何度も座礁してきました。最近では，20世紀半ばにそれは起こりました。最近の約30年間は，手術室やますます増えつつある研究室での実験的介入に注目が集まりました。この技術的転換は，さまざまな神経画像システムの出現と大きな関わりがあります。より最近では，アルゴリズムの改良だけでなくゲノミクスやコンピューティングなどからの貢献もあり，ほかの多くの進歩もさることながら，実験結果はより「ハイテク」になりました。現在，現代脳科学よりも多種多様な専門分野にわたる学問はまずないでしょう。

しかし，興奮しながらも度を超さないようにするのは，簡単な仕事ではありません。そのやる気を起こさせるような魅力に，我々神経科学の研究者は気持ちを非常にそそられ，強力に引きつけられています。我々は興奮に突き動かされ，神経科学の進歩にとてもわくわくしているのです。結局，ほとんどの科学は単調でつまらない仕事です。もしくは，予測でも試験でも，理論と格闘しているときでも，実験机の上での失敗を通して，間違っていると思い知らされることの連続です。しかし機運は発見の側にあります。それは研究のスケールが大きいからだけではなく，神経科学と問題解決システムに対し多くの企業投資が集まっているからです。脳を描写したり，情報を要約したり，神経機能の遺伝学や行動適応を理解したりするための素晴らしく新しい方法は，科学の進歩の明らかな兆候です。多くの誇大宣伝があるのは間違いありませんが，そうでない部分も十分に素晴らしいのです。

しかし，乱用の危険性には注意しなければなりません。神経科学の利用について考えるとき，我々は「啓蒙思想」の進歩的な側に立っています。神経科学の進歩に象徴されるように，進歩主義のよい面は，神経科学的な研究を通して培われた知識が私たちの能力を進歩させるために使われていることです。病理学が縮小し，機能が向上したことが，神経科学の発見の鍵となる構成要素となっています。しかし暗い面は，長期的に見て，人間の繁栄につながらない科学に使用する目的で，知識が乱用される恐れがあることです。

脳の実験を行うことは，私たちに脳がなぜそのようなことをするのかを教えてくれるだけではなく，私たちが自らの行動をどのように，なぜ経験するのかについて理解する手助けになります。何度も何度も確認されてきたこの観察は，一部にはなぜ我々が自分たちを哲学的自然主義（科学によって知識を得ることができると考える）だと思うかの理由なのです。ある哲学者たちが「ハード・プロブレム」と呼ぶ，「意識は脳という物理的なものからどのように生じるのか」のような問題は，どんなに複雑で素晴らしくても，我々には興味がありません。はじめにまず，「現実はバラバラに分断されており極端に切り離されているため，『もの』と『心』のように何か違う要素を含んでいる」などと仮定しない限り，我々にとっては，この「問題」はハードでもなく問題ですらないのです。しかしそう仮定するならば，畏《い》怖《ふ》と神秘の感覚がハード・プロブレムのようなものに導くのでしょう。

一つの実験哲学が我々を導く先は，むしろ現実の連続性です。それは，さまざまな哲学が，さまざまな状況下では妥当であるということを許容できるくらいに柔軟なものです。たとえば，我々が脳化学物質であるオキシトシンを注射された場合，適切な状況下にあれば，一元論（宇宙にただ一つの種類の要素しか存在しないという考え方）が大変によく効き，特にパートナーに対し温かでボーっとした気持ちを抱くことでしょう。しかし最初にパートナーの何に惹かれたのかを精神分析医と思い出そうとしている場合には，二元論が働きます。

一時力をもっていたものの今は新しい条件に適応する能力を失った哲学的な概念から卒業するのは，難しいことです。新しい条件とは，神経科学の実験からもたらされる情報です。事実をそのまま解釈できれば，どんなにいいでしょう。しかし事実というものは，より大きな概念図式にはめこまれるものです。したがって，古い理論を統合するといった希望に満ちたしかし甘い考え方はやめて，脳の理論化に気をとられすぎないよう全速で進むしかありません。脳のシミュレーションの将来性がどんなものであれ，我々がこの章で説明した「脳をつくり上げること」は，現代神経科学の戦略において，きわめて重要な役割を果たしています。その戦略とは，事実がおのずと展開するに任せ，理論は気にしないことです。少なくともしばらくの間は。

3

進化する脳

人間であるとはどういうことかという考え方は，まず人間の進化の歴史を理解しなければ成立しません。ウクライナ出身でのちにアメリカで活躍した偉大な遺伝学者のテオドシウス・ドブジャンスキーは，まず科学者たち，そしてのちに近代社会全般が，「すべてのものを進化の観点から見ている」[1]と述べました。この表現は少し大げさかもしれませんが，私たちが世界や，そのなかで自分たちが住んでいる場所を見る方法は，ダーウィンが好きであろうが嫌いであろうが，間違いなく彼の考え方に絶大な影響を受けているのです。しかし，科学者の偉大な考え方同様，私たちのもつ進化に関する考え方自体も進化していきます。ダーウィンが思い描いた進化の一次元の軌道も，長い間に「進化の歩みは線で表せるものではない」という知識に置き換えられていきました。

地球上における生命は，45億年前に産声を上げました。紀元前10万年前，道具をつくる最初の人類が出現した頃と，紀元前1万年前，農業が始まった頃を比較しても，その期間は長い地質学の時間スケールでは誤差にすらならない短さです。しかし比較的最近といえるこうした人間の能力の変化とは異なり，私たちの脳を機能させる化学伝達物質のシステムは何百万年も前から存在し，無脊椎動物と脊椎動物の両方に見受けられます。原生生物，細菌，菌類，植物は，神経ペプチドのシステムをもっていることが確認できます。たとえば，情報分子であるインスリンは，原生生物，細菌，菌類，そして無脊椎動物にも見られます。ステロイドは脊椎動物だけでなく，植物や無脊椎動物にも生じます。

ドイツ出身の生物学者エルンスト・マイヤーが説いたように，20世紀の科学における偉大な統合は，19世紀オーストリアの遺伝学者グレゴール・ヨハン・メンデルとダーウィンを結びつけました。つまり遺伝学を，適応とより大きな環境に関する考察に結びつけたのです。私たちは，現在もこの融合の結果とともに生きています。こんなに長い道のりを歩んできたにも関わらず，生物学にはいまだ驚きが絶えません。人間が唱えたどんな学説も，科学的な合成技術も，カモノハシのような動物の出現を完璧に予測できませんでした。もちろん人間の脳自体についても同じことがいえるのです。

人間の起源についての進化的考察

およそ450万年前から600万年前，人間は原始的なチンパンジーや，その他の同族の類人猿から枝分かれして進化しました。さらに遡れば，ゴリラからは700万年前，オランウータンからは1200万年前に枝分かれしました。しかし，こうした初期のヒト族は単独種ではありませんでした。人類の進化の系統樹における霊長目としては，400万年前から500万年前に，さまざまな面において私たちよりもチンパンジーに近いさまざまな型が存在したようです。こうした動物は現生人類と見かけ上は大きくかけ離れていますが，DNA配列においてはほんのわずかな違いしかありません。また，私たちとチンパンジーの間には，ほんの1.5％の相違しかないのです（ただし，最近の理論では実際のDNA配列だけではなく，どのように遺伝子が発現しているか，発現していないかも重要とみなされているようです）。

ホモ・サピエンスの進化において中心となる構造は，頭蓋と歯の特徴，そして直立の姿勢です。おそらくこうした特徴のおかげで，食べ物を分け合い，仕事を分業し，家族という関係をもち，離乳期が長くなったのでしょう。150万年前までに，人間は独特の，複雑な行動を発達させていました。たとえば，季節ごとに住み分ける住居や，その他のさまざまなシェルター，火の使用，進化し続ける道具の使用などです。二足歩行もしくは直立歩行は，人間の進化に欠かせない要素でした。アルディピテクス・ラミダスは400万年前に現れたヒト族で，化石人骨にはしっかりしたかかと，脊椎でまっすぐに支えられた頭部があり，完全に二足歩行していたことが示されています。およそ200万年前にホモ・ハビリスが現れた頃までには，骨盤の形態に大きな変化が現れ，神経がさらに拡張して，二足歩行の能力をうまく制御し続けました。そして，臀部が小さく，しっかりした腰をもち，直立歩行だけでなく長距離を走る能力を身につけたホモ・エレクトスは，地球上に散らばっていきました。

直立歩行は人間の行動にさまざまな影響を与えました。特筆すべきなのは，それによって手を独立して使えるようになったことです。人間の親指は，ほかの指と対向しながら自由に動かすことができるため，細かい手の動きや繊細にものをつかむことも可能です。さらに，多種多様な道具を開発したことにより，人間の動き，行動，観察，そしてコミュニケーション能力などの範囲も拡がりました。統語構造が最初に現れた状況で，ジェスチャーの範囲もおそらく拡がったでしょう。ジェスチャーを組み立て，判別し，理解することには，幅広い範囲の運動前野と運動野が関わっています。

さらに，喉頭の発達という重要なできごとにより，追加のコミュニケーション・ツールがもたらされました。喉頭の拡大は，チンパンジーなどの近縁種と現生人類とをはっきりと分ける特徴の一つです。絶滅していったヒト科の種も，私たちと異なっていたのは間違いありません。喉頭の選択的優位性により，声の表現の範囲が大きく拡がり，さらに首が長くなり，舌が咽頭に届くまでに発達したことで，はっきりとした発話が可能になりました。こうした物理的要素がすべてそろっていき，最終的にコミュニケーション能力が発達していったのです。

大脳と脳幹と脊髄の神経連絡によって，より大きな運動制御能力が支援され，合わせてブローカ野など前頭皮質の重要な領域が発達したことにより，統語論と命題表現の認知／運動制御が可能となりました。人間の言語の成立，構文，拡大した喉頭，そして適切な神経回路（大脳新皮質の複数の領域および言語の生産にとって重要な線条体と呼ばれる皮質下の領域に仲介される）は，現在の人間にとって非常に重要な特徴です。アメリカの進化人類学者ダニエル・リーバーマンは「喉頭は音響エネルギーの源であり，管楽器のリードに似ていなくもない」[2]と，非常にうまくまとめています。声帯の拡大と，その他の運動皮質の関与により，ようやく人間の社会的接触の範囲が拡がることになりました。調音機能の発達と発声がコミュニケーション能力を大いに高めてくれたことにより，他者と交流する能力が生まれたのです。私たちの進化は，広い社会的接触と深く関わっているということです。

拡大する皮質は私たちの種の進化的適応を反映するものですが，ほかの種のほかの脳領域の拡大は，その種特有の進化を反映しています。たとえば鳥（とりわけ社会性をもつ鳥類）は大脳基底核と呼ばれる皮質下の組織を拡大させています。この領域は鳥の知的または社会的な機能として働いている可能性があり，これを哺乳類の組織では拡大する皮質が行っています。

とはいえ，脳幹と脳神経（12本のすべて）そして脳幹下部のレベルでは，哺乳類のすべてで，というより脊椎動物のすべてで，驚くほど構造が似通っています。大きな違いは，霊長類の前脳の発達にあります。私たちの脳の質量のうち，前頭皮質がほぼ1/3を占めています。進化を通して視覚野が拡張し，ほかの皮質組織も（嗅覚皮質は例外として）拡張しました。皮質の多くの部分を，前頭前皮質と運動皮質が占めています。

運動皮質の基本的な特徴の一つは，行動をまとめ上げることです。運動皮質と運動前皮質の領域は，ものに近づいたり避けたりする行動の基礎となる計算アセスメントに関与しています。運動皮質は脊髄に直接投射を送ります。私たちは，運動前皮質のより腹側部にある領域から筋肉に指令を送られた行動，および小脳の機能に依存して，基本的な行動の調整を行っています。皮質は認知資源と，皮質および皮質下への結合に富んでいます。しかし皮質は大きいからいいというものでもありません。ハエのような無脊椎動物は皮質をもちませんが，素晴らしい行動を見せてくれます。ハチのような社会性昆虫は，食べ物がありそうな場所を示すダンスを踊ります。彼らには鍵となる感覚器官があり，そこで味覚と嗅覚を感じとります。つまり，小さいけれど洗練された脳が行動を司り，資源を利用しているのです。昆虫の脳はさまざまな情報分子（ステロイド，ペプチド，そして神経伝達物質）にあふれています。感覚系というものは多様な適応の形を反映するのです。それが私たち人間にとっては主に視覚，イルカにとっては聴覚であり，げっ歯類の動物にとっては嗅覚です。

一時は，視床と小脳は脳幹から皮質へのただの中継局とみなされ，小脳は単に運動機能を司っているだけと考えられていました。それが現在では，これらの領域は各レベル，各領域内において豊かな計算を行っていると理解されています。進化した脊髄と皮質を結ぶ標準的な運動神経路は，解剖学的に非常に美しいものです。運動神経路は長くかつ直接的です。運動，内臓，感覚のシステムの構成は多シナプス性です。これらは，行動をまとめ上げることと身体の生存能力を調整することの中心に存在し，基本的な進化の計画の大半がほぼ損なわれないまま，5000万年から1億年もあらゆる脊椎動物に備わっているのです。

脳の大きさについてもう一つ重要なことがあります。多くの人を驚かせる結果になりましたが，ブラジルの神経科学者スザーナ・エルクラーノ＝アウゼルは，人間の脳にはかつて一般的に引用されていた1000億ではなく，約860億のニューロンがあることを示しました。彼女はこの計算を，非常に根気のいる作業によって達成しました。まず人間やさまざまな動物の脳を刻み，ニューロンのみが赤色に反応する特殊な染料にさらしました。何年もかかったのち，彼女は「身体のほかの部分の大きさと比較した場合，人間の脳は人間を除く霊長類の脳とほぼ同じ大きさである」[3]という驚くべき結論に達しました。それ以前は，人間の脳は身体の大きさに比べてかなり大きいと考えられていたのです。その代わり，大脳皮質が非常に大きいのが人間の脳の利点です。象の脳には人間の約3倍の数のニューロンがありますが，脳の異なる場所に存在します。人間の大脳皮質がぎっしり詰まっていることに関して，進化の観点からエルクラーノ＝アウゼルは巧みに説明しました。それは，人間が料理する方法を発見したことです。料理すれば食べ物からより多くのカロリーを引き出すことができるため，高エネルギーを消費する脳をつくり上げるのに必要な力を何世代にもわたって支えてこられたのです。

視覚というもの

人間は視覚の種です。それに対しイルカは聴覚の種であり，人間とともに進化してきた友である犬は嗅覚を発達させています。新皮質のシワと重さだけを測ったら，大きさや体重を照らし合わせたとしても，イルカの新皮質は人間よりも大きくなります。20世紀アメリカの神経科学者で精神科医のジョン・リリーは，イルカの脳の圧倒的な大きさに魅了されました。その観点から，彼はイルカとのコミュニケーションを試みましたが，ほとんど役には立ちませんでした[4]。

しかしリリーが完全に間違っていたわけではありません。たしかに体重に照らし合わせると，イルカの大脳皮質の質量は人間より大きくなります。このことは，その生命体の築く社会的関係の範囲と複雑さと非常に深く関連しているのです。同様に，犬の小さな脳では，非常に大きな割合が匂いを嗅ぐことにあてられています。食虫動物では，嗅覚にあてられた皮質の割合がおよそ70％を占めています。それが霊長類では，視覚野が皮質の大きなパーセンテージを占め，それは人間の脳でも同じです。具体的には，新皮質の最低でも30の領野が視覚に関連しており，皮質の20％を占めています。私たちの脳はおよそ1500gで，約860億のニューロンがありますが，そのうち50億が視覚野に配置されているのです（**表3.1**を参照）。

進化という観点から見れば，これは大きな投資です。遺伝子的な観点では，種によって視覚野全体に違いがある（マカクザルや人間とネズミの比較のように）にも関わらず，神経系遺伝子の発現の設計パターンについては，哺乳類のすべてで驚くほど似通っています。これについては，アレン脳科学研究所の複数の研究者から一貫した知見が報告されました[5]。さらには，視覚野の拡大の度合いと視覚系の両眼視能（まっすぐ正面を見たとき）が，人間という種に特異な，神経の進化における基本的な特徴です。

現代では分子指紋によって，私たちの進化の軌跡が，20世紀末に可能だった範囲よりさらに詳細に明らかになりました。絶滅した種から古代のDNAがあたりまえに抽出され，長い間消滅していた生物のゲノムを効果的に再構築することも可能です。適切に冷凍され，保存された素材の組み

表 3.1
ネズミの脳と比較した人間の脳

カテゴリー	人間の脳	ネズミの脳
脳の質量	1500g	0.5g
脳ニューロンの数	860億	700億
皮質ニューロンの数	160億	140億
視覚にあてられた皮質の割合	20%	10%弱
視覚に関連する皮質領域	30	10
視覚皮質のニューロンの数	50億	100万～200万
視神経の軸索	100万	4万5000

出典：Koch and Reid（2012）の論文より引用

合わせが入手可能であれば，映画『ジュラシック・パーク』で描かれたように，ある時点で組織を培養できると想像しても，それほど非現実的ではないでしょう。私たちが進化し，近縁の種が絶滅した，その分岐点が分析によりすでに明らかになっています。分子指紋は，使用可能であれば，私たちが自分たち自身のことを理解するうえで，重要な要素をつけ加えてくれたのです。

とりわけ，ドイツにあるマックス・プランク進化人類学研究所に所属する生物学者のスバンテ・ペーボは，この優れた近代遺伝学の分析ツールを採用し，その存在に光をあてました。彼は過去の私たちの分子指紋を再構築したのです[6]。私たちのゲノムの構成には，30億のヌクレオチドが含まれ，私たちの種は卵細胞に伝えられたミトコンドリアDNAを反映しています。ミトコンドリアは突然変異率が高いため，そのおかげで地球上の人類の軌跡を比較的簡単にたどることができます。端的にいうと，私たちはみな移住者の子孫なのです。私たちの祖先はすべてが移動性で，アフリカ南部やアフリカ東部を出て最終的にアジア大陸やヨーロッパ大陸のほぼ全域に放浪していきました。

およそ50万年前，ホモ・エレクトスがホモ・ハイデルベルゲンシスに進化しました。私たち人間とネアンデルタール人の前の種にあたります。およそ20万年前には，アフリカ南部に住んでいた遺伝子学的および解剖学的に現生人類と呼べる種が南西アジアに入り始めたということが，DNA研究と埋蔵物の年代決定によりわかっています。およそ8万年前には，気候やその他の環境の変化により経済が発展し，道具が発達し，現生人類は社会的に洗練されていきました。6万年前には，アフリカ大陸からユーラシア大陸にかけての人類の移動が増加しました。北米大陸への移動は約2万年前に始まりましたが，正確な年代についてはいまだに激しい論争の的になっています。

現在生きているあらゆる人間のゲノム配列は，99％同じです。そうした意味では，私たちはみな近縁なのです。ゲノムの塊のパーツはかなり単純明快で，多様なタグづけの方法もあり，すべての人類と類人猿，そして私たちの祖先，すなわちすべてのヒト科の動物との相違と共通性の両方を感じさせます。3体のネアンデルタール人の遺骨から採取したゲノムの概要配列からは，DNAとRNAをつくり上げる構成要素であるヌクレオチドが40億あったことが明らかになりました。現生人類のゲノムとの差異のいくつかが，いくぶん違った代謝，骨格，認識能力をもたらしたのかもしれません。わくわくするのは，ヒト科どうしの比較に，DNA配列のマッピングとミトコンドリアDNAを使用することです。骨や道具，頭蓋の特徴，そして分子指紋が加わり，すべてをリンクして一般的な進化，そして特に脳の進化を考察することが可能になったのです。

600万年以上にわたる私たちの近縁種の細部が一つ一つ再構築されると，彼らがよみがえってくるような感覚にさえなってきます。このような再構築の知識体系は「ルーシー」と呼ばれるアファール猿人の骸骨から始まっています。ルーシーの骨は40％近くが保存されており，この再構築が私たちにとっては驚くべき，初めての初期のヒト族の目撃となったわけです。イギリス出身でケニアを拠点とした古人類学者の親子メアリー・リーキーとリチャード・リーキーは，アファール猿人を「道具をつくる頭と，古代ヒト科の身体をもつ」と表現しました。道具を使う動物は人間だけではありません。たとえばカラスも効率的に道具を使います。しかし，道具をつくる際の発明の幅の広さや深さに関して，人間に似た種は存在しません。特に火の使用を発明したことが，人間の道具づくりに大きな進歩をもたらしました。これは80万年前に遡るといわれています。

現在の私たちの姿をしている現生人類は，進化の必然的な産物ではありませんでした。3万年～5万年前，私たちと同時にさまざまなヒト科の種が，環境空間をめぐって事実上競い合ったのです。ネアンデルタール人はホモ・サピエンスと共存し，おそらく異種交配したことが，多くの現生人類（2％以下）のDNAに明らかな証拠として残っています。実際，最近の証拠には，地域によっては何千年もの間，異種交配が行われていたことが示されています。

ネアンデルタール人と人間に共通の遺伝子の一つは*FOXP2*で，学習と行動適応の中核をなす脳の言語領域と認知／運動領域（大脳基底核など）の基礎となっています。1940年代，アメリカの細胞遺伝学者バーバラ・マクリントックが，遺伝子は必ずしも染色体上のそれぞれの位置に固定されているわけではないということを発見しました[7]。彼女の「ジャンピング遺伝子（トランスポゾン）」の研究は，トウモロコシのゲノムに対して行われ，活性化または解離遺伝子調節（*Ac*／*Ds*）という考え方を導入する手助けをしました。また彼女は，遺伝子が事象によって変化することも突き止めました。遺伝子は生命体の周囲で何が起こっているかによって，沈静化も活性化もできるのです。いい換えれば，DNAは，RNA配列の発現により調節管理されているということです。

ネアンデルタール人はおよそ2万8000年前に絶滅しましたが，現時点では人間よりも長い期間生存していたことになります。絶滅の理由については，今も熱い議論が交わされています。わかっていることは，ネアンデルタール人は最終的に現生人類より成功せず，私たちのバージョンの人間が生態的地位（ニッチ）を獲得したということです。ネアンデルタール人が，繁殖していくことができない孤立した小集団になってしまうまでには，そう時間はかからなかったかもしれません。彼らが自分たちの群れが衰退していると十分わかるくらいに賢かったことを考えると，その消滅には心が痛みます。現在の気候変動のことを考えると，これは私たちがしっかりと心に刻むべき教訓でしょう。

ネアンデルタール人は種としては絶えてしまったものの，遺伝子だけでなく，さまざまなものを遺していきました。墓地遺跡や装飾体，野営の跡，そして道具などです。イギリスの進化生物学者スティーブン・ミズンは，ホモ・サピエンスに特有の命題言語の表現は，論理的に相互に関連し合う文で構成されており，それは歌から発展したもので，ネアンデルタール人は事実上，話者というよりは歌手であった[8]と推察しています。というのも，彼らが実際にいくつかのタイプのフルートに似た楽器を遺しているからです。

これは私たちの脳とネアンデルタール人の脳がとても似ているといわれる由縁の一つです。音楽への期待は脳のいくつかの領域を必要とします。ブローカ野や大脳基底核のいくつかの部分がこうした領域に含まれ，両方とも構文や統計的推測と結びついています。ほんの少しの混乱があることが，音楽を聴いたり，楽しんだりするには大いに役立ちます。音楽を聴くと何が起こるのか，という期待は音楽表現の魅力に対してさらなる興味をかき立てます。想像通りのバースや音という刺激は，音楽の楽しみの魅力であり，興奮する部分でもあります。実際，より一般的に，大脳基底核にある側坐核など，報酬への期待の基礎となる脳の分野は，音楽によって活性化するのです。

胃のなかの脳

ペプチドは，アミノ酸の短い鎖です。タンパク質に結合していますが，タンパク質よりも小さいのが特徴です。ペプチドは百万年以上前から存在しており，人間が直立することの基礎をつくっています。つまり，歩いたり走ったりする技能によって，人間が移動することができるようになり，それによってヒト科の進化が起こったわけです。直立歩行と手が自由になったこと，そしてほかの指と対向する器用な親指をもっていたことは，人間の能力をさらに拡大させることにもつながりました。

脳のなかのペプチドの歴史は，情報を維持し伝達する分子として15億年前に遡ります。すでに述べましたが，そのうちの一つCRHは，変化もしくは逆境に対する反応の際に果たす役割がよく知られています。CRHはハエのなかにも存在し，概日リズムを調節しています。哺乳類においては，CRHは皮膚および皮膚の色素沈着，炎症過程のすべて，そして胎盤のなかに見られます。情報分子とその移動，そのさまざまな種のさまざまな組織での使用は，生物学的プログラミングにおいて一部品が拡張利用される一例にすぎません。この場合，一つのペプチドが，さまざまな生命の，脳を含めたさまざまな組織に存在し使用されます。

私たちは脳を，主に考えや意識の器官だとみなしていますが，脳は調整する器官でもあります。常に変化する世界のなかで，脳は警戒を怠りません。脳内における情報分子の調整は，同じ状態を維持するというよりは，予期しないできごとに適応したり予測したりする(アロスタシス)ためのもので，いわば変化に適応する生理学といえます。状況のなかの脳のもう一つの例として，変化に継続的に適応し，なじみがあり安定して予想通りなものを固定化し体系化するプロセスも，脳の進化と行動適応の重要な特徴です。私たち人間は社会性動物なので，この調整が社会的／生態学的環境のなかで行われます。この適応機能のことを予測的ホメオスタシスもしくは予測的アロスタシスと呼びます。幅広い範囲の能力を脳に与えるためには，進化する脳は反応するだけではなく，予測することができなくてはなりません。この過程においては中枢神経系と末梢神経系の両方が関与し，末梢末端器官を使った調整が無限ループされます。

情報分子の調整は私たちの脳の化学の共通したテーマであり，情報分子の抑制と復元，そして行動適応の基礎となる分子のさらなる発現をともないます。情報分子にはCRHだけでなく，神経伝達物質，神経ペプチド，ペプチド，ステロイドなど，幅広い種類が存在し，ありふれたコルチゾールやインスリンから，あまり知られていないレプチンやグレリンなど多岐にわたります。こうした情報分子の発現を通して，すべての末端器官に脳の情報が表現されます。これらの情報分子に対する受容体部位は脳自体にも見られ，また胃や心臓，皮膚，腎臓などの末梢組織にも存在します。

コンピューターが数字の０と１で情報を扱っていることは有名ですが，脳の調整機能について語るときは，「情報」という言葉を，私たちが普段使っている意味とは若干違ったものとしてとらえる必要があります。機能的用語では，情報は命令の一つの形としてとらえることができます。情報分子により，私たちの消化器系は食べたり，消化したり，幅広い食料資源を使いこなしたりすることが可能になります。ヒト科の進化においてこの能力は，身体の大きさを３倍近くに成長させることと一体となり発展してきました。同時に，情報分子(消化管のなかのペプチドや，神経ペプチド，インスリン，レプチン，グレリン，そして成長因子など）は，脂質代謝，熱量の利用，タンパク質の吸収に欠かせない要素です。人間の進化は，胃腸の変化と密接に結びついていたのです。扁桃体などの脳の領域は，消化管を調整する領域に向けて長距離の神経投射をしています。

脳にも消化管ペプチドが存在します。脳では神経ペプチドと呼ばれ，消化器系と呼ばれるもののすべてを横断することができます。さらに，成長と吸収を促進する情報分子は，神経細胞（そしてほかの組織）が活性化できる間は組織を劣化から保護します。1970年から1980年代にかけて，科学者たちは末梢系が消化管ペプチド（コレシストキニン，インスリン，レプチン，そして神経ペプチドY）に裏打ちされていることを発見し，それに加えて脳におけるそれらのペプチドの発現が食欲と満腹感をつくることに役立つことを発見したのです[9]。

脳が大きくなることと，消化管の初期発達は確かに結びついており，消化管における情報分子の活躍の度合いが，研究者たちに「消化器官は脳の領域の一つ，もしくは小さな脳である」といわしめました。ペプチドは私たちの味覚に役立っており，神経の発達と食料資源の広がりに関連するきわめて重要な適応の一つです。オキシトシンとバソプレシンの二つは，よく知られたペプチドです。多くのエンドルフィンといくつかの視床下部放出因子も存在し，性腺ステロイドと代謝調節の基礎となります。

この消化管神経軸の機能により，私たちは問題解決において要点を理解するという経験ができます。「直感（gut feeling＝はらわたの感覚）」というありふれた言葉がまさにそうです。カリフォルニア工科大学で教鞭を執るラルフ・アドルフスと同僚たちは，扁桃体などの脳の領域の重要な役割を，できごとの重要な特徴を思い出すことと，直感（できごとの要点）を反映した問題解決であると述べました。なぜなら扁桃体または皮質領域は，消化管に直接投射するからです[10]。これは記憶が扁桃体に存在するということではなく，扁桃体は重要なものごとに注意を払うこと(たとえば顔が意味するものだけでなく，顔にいつ注目すべきかを，胃腸と状況が指示するのに従う)について非常に重要らしいということです。これは日常のできごとに対処するには十分な，ある種の問題解決です。適応を導く，間に合わせの発見的問題解決方法ともいえるでしょう。神経および消化管ペプチドは，この重要な適応の基礎となっている可能性があります。したがって，胃腸からの情報分子などの化学伝達物質のシステムを介することで，胃腸と脳がお互いに情報を与え合っているのです。そしてこれは，脳で生産されるのとまったく同じ化学システムです。

情報分子と脳の変化

私たちは誰でも，人生のなかでの大きなできごとについては覚えているものです。これが起こる理由の一つが，副腎から分泌されるステロイドホルモンのコルチゾールにあります。コルチゾールは神経伝達物質であるノルエピネフリンの発現を促進し，この物質には注意を高める働きがあるのです。このように外部のできごとに対してより一層の注意を払うとき，短期記憶から長期記憶への動きが生じます。これは部分的に，外側扁桃体が脳のさまざまな領域に向けて，そのできごとが重要である可能性を広めることにより起こります。一つの結果が学習であり，もう一つの結果が記憶です。一つのできごとを記憶と統合するには，海馬や大脳新皮質など脳の多くの領域を必要とし，それらは神経伝達物質によって有効になります。

脳内の情報分子は，脳によって調節されるさまざまな行動に関連する欲求／完了の経験の基礎となります。バソプレシンのような情報分子は，攻撃的な行動と親和的な行動に関連しています。バソプレシンを脳に投与すると，攻撃的な社会行動が増える場合があるのです。神経ペプチドは脳の社会的信号システムの一部です。オスのネズミが親としての行動に参加する際,メスのネズミが子を産むのを予期してオキシトシンを上昇させます。バックグラウンドとなる環境が，脳の領域における神経細胞の増殖の条件を設定するのです。たとえば，記憶と，とりわけ短期記憶の増大に重要な海馬などです。

このような神経ペプチドやステロイド信号システムの活性化による攻撃性の表現は，多岐にわたります。テストステロンはすぐに攻撃性と結びつくわけではありませんし，攻撃性にもさまざまな形があります。子供を守る熊などはその一例です。しかし実際に，テストステロンは筋肉量を増やします。親切で化学に詳しいトレーナーに，テストステロンがあれば野球選手のバリー・ボンズのようになれるかどうか聞いてみてください。答えがなんであれ，この化学物質はあなたを精神的に異常にもしうるということを知っておいたほうがいいでしょう。どんな目的であれ，1セットのホルモンだけでは十分ではありません。しかし，多くのホルモンの比率は，過去に体験した適切な状況下であれば，行動を起こしやすくなります。

ボノボは,争いの解決に性交を利用する習性により一躍有名になり,人々の興味をそそる対象となっています。ボノボの進化の特徴は家畜化かもしれません。彼らは通常，ほかの人間に近い霊長類よりも直立して歩き，お互いの目を見つめることができますが，これはチンパンジーにとっては威嚇のしぐさになります。おそらくボノボとチンパンジーとの違いの一つは，オキシトシンが脳と行動に貢献し，発現する度合いにあるのでしょう。ボノボの大げさな性行為は，攻撃に反対する自らの選択を反映したもので，弁別的な信号を伝達するシステムに仲介されているようです。

ダーウィン以降，家畜化の研究は，生物学的適応を理解するために重要なものとされてきました。人類は，畜産において1万年以上も，家畜化のための選択を実行してきました。それでは，親しい仲間である飼い犬のために，ゲノムと考古学の証拠をリンクできるのでしょうか。犬の共通連鎖そして異種連鎖が示すのは，彼らがさまざまな時代や場所で家畜化されていたということで，おそらく1万4000年前のヨーロッパや，7000年前のアジアくらいまで遡ります。家畜化された動物と，そうでない動物の脳は大きく違い，特に情報分子が臓器や器官の成長に影響を及ぼす様子が異なります。

20世紀に活躍したアメリカの生物学者カート・リクターはボルチモアで，家畜化された野ネズミと，野生の野ネズミの副腎を観察しました[11]。彼は，野生の野ネズミの副腎は，家畜化された野ネズミの副腎の2倍の大きさであったことを発見しました。しかし，直感に反するような発見もありました。ボルチモアの路上で捕獲され，その後家畜化された野ネズミは，適応性が少し劣り，単純な規制問題解決の結果も理解できないことがわかったのです。たとえば，副腎をとり除かれたときに，代謝をうまく管理するために必要なナトリウムを探すといった問題解決で，彼らはナトリウムを保持することができませんでした。家畜化の過程で，野ネズミの脳の特徴は変わっていたのです。この神経機能の変化は，一生の問題です。私たちはこうした変化について，そしてそれが人間の幸福にとってどんな意味をもつのか，やっと理解し始めたばかりなのです。

探索と発見

脳はもともと，重要なできごとの経過を追う能力をもち合わせています。最も基本的な言葉でいうならば，脳は問題解決の過程で一貫性を探し求めることができるのです。人間の分類しテストする能力は，神経組織の圧倒的な可塑性――特に精神的・知的機能のレベルで――を通して，私たちの生物学に組み込まれています。問題解決は，脳の機能の進化において中心的な特徴です。つくること，計画すること，過去について考えること，最終的には読んだり，書いたりすることの基礎となります。

これらの能力が潜在的だった数千年の後，人間が文化的に進化した過去数百年において,問題を解決するためのさまざまなアプローチを比較する,系統的な試験と研究の重要性が明らかにされました。最も形式的な意味で,これこそが科学的方法として知られているものです。脳に関する初期の調査は解剖学のみで，観察して描写し，解剖して記述し，そして情報を「脳についての科学的知識の百科事典」に目録化することが含まれていました。啓蒙時代には，科学が現代的表現の頂点に近づきつつあり，少なくとも人々はそう考えていました。また，脳科学は未発達であったに関わらず,そのなかで特に目立つ存在でした。ようやく私たち人間は，生物学的な調査と脳の理解のための実験的手法を発展させ始めたのです。

問題解決の進化は，広範囲かつ多岐にわたる問題解決のバックボーンとなる，脳の前適応サブプログラムによりアクセスしやすくなったことに一部関連しています。たとえば,「特定の味に対する嫌悪感に対処する」といった問題解決がこれにあたります。空間にあるものに関する特定の前適応プログラム，ものどうしの因果関係の線引き（たとえば，食べ物と内臓疾患の間など），および，時間とともにものがどう変化するかの予測は，特定のしかし必須の要件（たとえば食料資源を獲得するなど）のために進化し，その後使用範囲が拡大しました。このことは，サブプログラムが存在しさえすれば，たくさんの目的に使われたり，再利用されたりすることを示しています。脳の進化のメカニズムの一つは，神経すなわち行動の特定の適応へのアクセスが増え，より一般的な使い方ができるようになったことです。イギリスの神経科学者ジョン・ヒューリングス・ジャクソンと,生理学者のチャールズ・スコット・シェリントンがまとめた，脳を一連の感覚・運動反射としてとらえる考え方は，意思・行動表現が神経組織と神経設計の計算可能性および外部状況との適合性によって制約されている，能動的な脳という見方にとって変わられました。

神経伝達物質と神経ペプチドの多くは，できごとどうしをつないだり，因果関係を推論したり，ものごとに対処したり，そして生き残ったりと，私たちがものごとの一貫性を探し求める方法の基礎となっています。進化はおのずと進んでいくのです。ほかのすべての霊長類とホモ・サピエンスの絶滅した種に比べて，新生児の発育期間が長いという人間の特徴は，適応プログラムを成長させ，基本的なスキルを積み上げる時間がそのぶんだけ増えることを意味します。社会的な交流と他者から学習する能力も，自ら進化していくという人間の成長の特徴を効果的に利用することを促します。学習と自然選択はどちらもゲノムの進化における一般的なテーマです。関連する文化的／生態学的条件がニューロン発現の背景を設定し，脳は行動の最終的な共通点となります。その行動が家畜化されていても，されていなくてもです。しかし，最も重要なのは探索と移動です。私たちはやはり，それぞれ異なる信条をもった移住者なのです。神経組織内の認知・運動能力が私たちの移動のすべての基本をつくっています。

運動系の解剖学的構造には，行動能力の基礎となる運動ニューロンと運動回路が含まれます。運動ニューロンは筋肉細胞の基礎となり，そして筋肉細胞は自律調節または傍分泌調節，そして伝統的な内分泌系の基礎となります。体性運動系は脳の「ゴー」センターとよく呼ばれ，すべての行動，基礎的な反射から故意的な行為までの基礎となります。体性運動ニューロンは脳全体を横断しています。運動ニューロンの状況において，すべての感覚系が理解されているので，我々はそれらを感覚運動系と呼ぶこともあります。アメリカの心理学者J・J・ギブソンはそれらを，探索を助け行動適応の基礎となる能動的感覚系と呼びました。

運動系は私たちの行動の中心をなすもので，日常の行動では感覚系と切り離されてはいません。運動系も感覚系も情報分子が豊富にあり，それらが探索の基礎となります。見ること，聞くこと，味わうことを通した探索のための感覚系のなかには，さまざまな異なる神経ペプチドが存在し，生き残るために必要不可欠な資源を探索し，発見することの基礎にもなります。また，ドーパミンのような情報を伝える神経伝達物質も存在し，運動系と認知プロセスの基礎となります。私たちは動きながら考えることができますし，もちろん，考えるだけで動かないこともできます。脳は能動的で，大量のエネルギーを消費する器官で，いわばグルコースを食べる機械といえます。このエネルギー消費のほとんどは，運動ニューロンのセットである中枢パターン発生器に供給されています。そしてこの中枢パターン発生器は，脳が受動的ではないことを説明するための根拠となります。

神経科学者たちが，今では脳を厳格な階層構造でとらえていないのは重要なことです。かつては皮質，辺縁系，脳幹に関してそのように考えていました。とはいえ，ある程度脳は階層構造をもちます。現在では，行動的機能そして生理的機能は，脳の広範囲に分散されていると理解されています。したがって脳幹機能は，脊髄の多くの領域に組み込まれており，中脳領域によって調整され，辺縁系と皮質によって方向性を与えられるのです。辺縁系はかつて中隔，海馬，扁桃体などの器官の集まりとされていました。これらの器官はすべてが一つになり，行動阻害から記憶，注意のさまざまな形まで，多様な機能に結びついているのです。

辺縁系についての古い考え方は，アメリカの神経科学者で医師のポール・D・マクリーンによって推進された観念によって発展しました。マクリーンは，脳の進化を説明するために，新哺乳類脳，古哺乳類脳，爬《は》虫《ちゅう》類脳の境界を定めることを提案しました[12]。これは興味深い視点です。神経軸のそれぞれのレベルが，適応に重要となる行動の選択肢を調整しているというわけです。この考え方による最終的な到達点は，新哺乳類脳の拡大およびそれによる新皮質の拡大です。

従来の考え方から脱却するにつれて，辺縁系には脳のよりたくさんの領域，特に感情的な適応の基礎となる領域が含まれるようになりました。脳の辺縁系に関する考え方を拡げたのは中枢神経系の化学的構成の発見，とりわけ脳の情報分子が中枢神経系全体を横断し，そのなかに感情すなわち辺縁系の適応の基盤となるものが含まれているという発見でした。したがって，辺縁系的であり，感情の適応に結びつけられていると考えられているものと，そうでないものとの境界がさらに拡張しました。辺縁領域は脳幹における一次の感覚情報から，前脳への投射まで，神経系の全域にわたって走っているのです。

こうした辺縁系の部位の多くは，行動反応を担う神経ペプチドおよび神経伝達物質の分布と重複します。バソプレシン，オキシトシン，エンドルフィンなど，これらの神経ペプチドは，新規な刺激に対する反応を組織化し，喉の渇きや塩分嗜好など調整的な欲求の基盤となります。実際，最近の調査では，神経ペプチドは水分調整に必要不可欠なため，喉の渇きと塩分嗜好を起こさせるように働くことがわかってきています。動機づけの基礎となる回路には，血液脳関門の外部にある複数の領域（脳弓下器官など）と海馬のさまざまな領域が含まれます。塩分獲得に集中する扁桃体と側坐核に加え，海馬のこれらの領域は，内部環境を調整することをしばしば予測します。副腎によって分泌されるアルドステロンのような副腎皮質ステロイドは，心臓血管と細胞の健康に欠かせない水分バランスを保つため，脳のナトリウムを保持するように働き，塩分不足を起こすことを促します。さらに私たちは今や，塩分嗜好を生み出すミネラロコルチコイド細胞を，遺伝子により神経化学的に活性化あるいは沈静化するツールももっています。

酵素の遺伝子操作をすると，競合するステロイドよりもアルドステロンの分泌が促進されます。エストロゲン，テストステロン，プロゲステロン，ビタミンDなどのステロイドは，脳で速く作用したり，遅く作用したりします。神経ペプチド系（CRHまたはアンジオテンシン，レプチン，神経ペプチドYを含む）は中枢神経系で発現し，脳のさまざまな部位を横断します。こうした神経ペプチドは中枢処理を構成しており，食べ物を摂取したり回避したりする動機など私たちの基本的な機能を担っています。現代の分子ツールにより，食物摂取や回避の基礎となる脳内の回路を解剖する私たちの能力は拡大し続けているのです。

およそ100年前から，中心的な神経細胞の事象は抑制性か興奮性か介在細胞的であることがわかっています。運動系間の拮抗する相互作用は，脳の最も末梢の部位から最も中心にある部位までゆき届きます。いい換えれば，脳幹から新皮質までということです。こうした運動組織はもともと計算的です。運動と認知のシステムは，分離しているわけではなく，神経機能に本質的に備わっているのです。ラリー・スワンソンは脳の設計図を次のような上品な言い回しで表現しました。「脳の中枢パターン発生器は，脳のどこに配置されるかによって，特定の場所にあって特定の脳の領域に限定されるか，脳の幅広い領域にわたって広く中央に分布するかになる」[13]。脳幹において，中枢パターン発生器は特定の胃腸もしくは心臓の末端器官の調節に特異的です。前脳においては，世界のさまざまな事象に対処する際の行動と生理の調整に必要不可欠となります。中枢パターン発生器のなかには，世界を探索する際の体性運動系または感覚運動系の基礎となる，計算システムもしくは認知システムが組み込まれています。したがって，一方に認知が他方に運動系があるといった具合ではないのです。さらにいうならば，計算機能の一部となっているのは，運動系の皮質領域だけではなく，運動系全体であり，脳の末梢領域からより中心の領域までにわたります。つまり，脳のすべての部分が何らかの形で認知的であり，計算的なのです。

モチベーション・システムは計算／運動プログラムに方向性を与え，モチベーションの表現は状況，環境，そして能力のなかで競い合います。環境を理解し利用することに集中した脳のなかにおいて，認知構造と問題解決はモザイクのような能力の組み合わせのなかで共進化を遂げてきました。運動系，感覚介在ニューロンおよび統合介在ニューロン，運動前皮質系は，行動に方向性を与えるために進化しました。これは，一貫した問題解決と目標指向の行動の枠組みをまとめ上げるためです。

私たちの種では，問題解決プログラムそれ自体は，ある程度までは変容する柔軟性のあるものです。自律神経系あるいは神経内分泌系の基礎となる運動プログラムは，それよりやや柔軟性に欠けますが，脳幹と脊髄のレベルにおける動きのための基礎的な運動プログラムとは同程度です。自律神経系を横断する運動プログラムは神経系全体に届き，生理的な調整（視床下部下垂体機能など）と生物学的機能の基礎となります。運動に重要なしくみである小脳は，基本的な運動能力とバランスを制御します。しかし，この領域は，学習とも結びついています。関係性を学習することが運動の制御には不可欠で，予測と条件づけが，重要な事象を行動プログラム上の予測と関係づけます。

すべての感覚系からのインプットが連続的に脳に移動すると，神経構造の一つの機能として，雑音が消されます。ゲート機構が，重要で価値がありしたがって適応的なことのみに注意を集めます。先に述べましたが，現実世界では，脳が一方にあり身体が他方にあるということはありえません。私たちが通常使っている言葉とは裏腹に，現実での区別はないのです。行動表現，行動の選択肢，細胞の能力，その他の機能には違いが存在しますが，それらは二分されているわけではありません。脳と身体の間の流動性は，私たち人間の進化の特徴です。またそれは，探索し，拡大し，知識獲得の文化と呼べるものをつくり上げてきた人間という種としての成功であり，神経科学もその文化のなかにある研究の一つなのです。

芸術から科学まで，私たちは「ものごとをどのように把握するか」という感覚に頼っており，これらが世界を探索する方法です。そのプロセスはときに単調でつまらなく，地道で華やかさに欠けるのも事実です。それでも，私たちはどうにかしてこれまで進んできました。探究心の基礎となる前頭前野ニューロンは，行動反応をまとめ，私たちが自分自身や自分の脳を調査することの基礎となる消化器系，脊椎系，その他のシステムに両側性投射することが可能です。私たちの脳の設計図は，必要な結合と分離に関するものです。事実，モジュール化されたシステムもありますが，ほとんどはそうではありません。認知力は，行動と適応の輪郭から切り離されてはいないのです。

ドーパミンでできたツール

道具を使うことで私たちは，世界を継続的に拡大させ，歴史と融合させてきました。道具そのものは，私たちが世界を理解するために課す理論を反映しています。道具づくりは，私たち人間の進化の象徴です。道具づくりに必要な認知／運動制御とそれらの拡張の度合いは，進化する運動系および認知システムに反映され，脳全体にわたります。行動と動きをまとめ上げるのに必須な神経伝達物質も，認知の基礎となります。身体と脳に存在するドーパミンは，道具づくりの能力に貢献する基本的な情報分子の一つです。

ドーパミンの変種は，その他の情報分子よりも古く，何億年も昔から存在します。ドーパミンは衝動をまとめ上げ，報酬を期待するために必要不可欠で，誘因に対する反応および行動組織化のすべてに関わる学習に関係しています。ドーパミンはまた，皮質領域からの行動の抑制に欠かせません。

抑制は行動科学および神経科学では豊かな概念で，私たちの神経機能に関する見方の基礎となります。遺伝子符号化のための神経細胞発火から，行動表現のための神経構造まで，抑制は役割を果たします。抑制の低下は，行動の脆弱性につながります。第12染色体における遺伝子の突然変異は，フェニルアラニン水酸化酵素をつくり出すことを助け，行動抑制の低下および，ドーパミンの生産に不可欠なチロシンの減少という結果につながります。アメリカのブリティッシュコロンビア大学で教鞭を執るアデル・ダイヤモンドと同僚は，フェニルケトン尿症という病気を患う子供が，遅延見本照合課題において認知機能障害をもっていることを証明しました[14]。これは基本的に短期記憶のタスクであり，思い出したものと呈示されたものをマッチさせるテストです。行動抑制の認知制御は，前頭前皮質の領域および帯状皮質と結びついていることが一貫して発見されています。ドーパミンは行動をまとめ上げる際，行動の活性化および抑制の双方に働きます。

ドーパミンは脳の多くの機能にとって基礎となります。たとえば，前頭前野または前帯状皮質の障害は，脅威――扁桃体の活性化により標的となる――に対する正常な反応の変化と関連します。恐怖に対する正常な記憶と適切な反応には，損傷がなく完全に統合された前頭前皮質が必要になります。この皮質領域を刺激すると，認識した，または空想した恐れという状況に対する反応としての扁桃体の活性化が抑制されます。障害の一つの例としては，長期に及ぶ興奮状態や，脅威となる状況がなくなった後も，それに対する行動反応が消えないといったことがあります。

ドーパミンは脳のある場所に集中しているのではなく，多様な領域にわたって分散しています。なぜなら，ドーパミンはほかの伝達物質と同様，脳にもあり末梢系（副腎など）にも存在するからです。黒質から出るドーパミン作動性経路は，被殻や尾状核など大脳基底核と呼ばれる前脳の部位に投射されます。これは向社会的な行動や，習慣形成に欠かせないものです。脳幹から出る二つのドーパミン作動性経路は枝分かれし，一つが辺縁系の機能と結びつき（扁桃体，中隔，視床下部，そして線条体の領域で），もう一つが新皮質の機能と結びつきます（前頭前野，皮質，そして前帯状領域で）。これら両方のシステムは，探索と学習に欠かせません。

脳内の多彩なドーパミン発現と，数多くあるドーパミン受容体のサブタイプは，いかにこの伝達物質が脳の機能や行動に対して多面的であるかを示しています。中脳からのドーパミン神経細胞は，ものに近づいたり，避けたりする行動に影響を与えると知られている扁桃体の特定の領域を活性化します。たとえば，内側扁桃体にあるドーパミンの活性化（ドーパミンD1受容体）は，脅威となるものに近づいたり，避けたりするために起こります。

ドーパミン自体は中立的で，無理矢理受けた誘惑や，逆境や，挑発された喜びなどでも活性化することがあります。ドーパミンが関与する範囲は，人間の行為，表現，パフォーマンス，そして行動の範囲です。ドーパミンはまた，注意を持続させるためにも欠かせません。たとえばパーキンソン病患者のドーパミンのレベルを元の状態に戻すと，知覚／認知能力が（少なくとも一時的には）正常に戻ります。ドーパミンは目的行動に必須な，皮質および皮質下の両方の領域（側坐核など）で，統計的推測に影響を与えます。

ドーパミンは報酬への期待などを含む行動の抑制と興奮には欠かせません。期待や習慣の形成などが満たされないと，ドーパミン神経細胞の一つのセットが活性化されます。ドイツ出身の神経科学者ウルフラム・シュルツと同僚たちは，報酬を期待することの基礎となるドーパミン神経細胞の下位集団を特定しました[15]。報酬への期待は私たちの行動に，習慣のように組み込まれています。行動の基礎となる習慣の形成は，線条体のなかの神経系を必要とします。そこでは，ドーパミンが基本的な役割を果たしています。統計計算的な発火は，認知／運動計画，期待，混乱に直接つながっています。あなたのつくった計画がめちゃくちゃになったら，それはドーパミンのせいにしてかまいません。探索，発見，学習，そして調査の基礎となるのがドーパミンなのです。

学習は私たち人間が得意とする認知能力です。調査の枠組みのなかで書いたり，読んだりするスキルを継続的に統合していくことは，前適応能力（ものや時間，場所などに関する準備学習をする能力）と，より新しく，革新的な問題解決を組み合わせるという，私たちの本質を反映しています。人間の心は，構造や，抽象概念や，統計的推測にそれぞれ適した一貫性というポケットに，ものを分類して入れる準備をしてきました。この構造の驚くべき流動性こそが，人間の脳を柔軟で適応能力の高いものにし，限りなく視野を拡げていくことが可能な種である理由なのです。

なじみのある危険，または未知の危険の可能性に気づく条件は，文明化の到来によっても失われてはいません。しかし，脳の知識をより幅広い知識と統合することで，私たちは先史時代の先祖よりも危険の可能性をよりよく理解する方法を知っています。頭部へのダメージもそうした危険の一つで，それは私たちが長い間脳について考えをめぐらせている理由の一つです。少なくともこの考察は，古代エジプト人から始まっています。古代エジプトの医者は，神経組織の解剖の様子をパピルスに遺しました。のちにギリシャ，そしてローマの学者たちが，脳を理解することの文化的な魅力の条件を設定しました。自分たちの知性を使って，自分たちの脳を探索することは，人間に欠かすことのできない好奇心の指標の一つです。

私たちの脳は多くの機能をこなすように設計されていますが，なかでも社会的な生存能力は基礎的な機能の一つです。多くの行動研究は生き残ることと社会的能力を結びつけています。この能力によって，協力関係を築き他者と愛情を形成して，この世界に立つ足がかりを得るのです。ということは，神経行動システムのすべてが社会的能力に関連していてもなんら不思議ではありません。素晴らしいことに，ニューロンの原理から現代のコネクトーム（神経回路マップ）解析まで，神経の機能，構造，そして行動適応の基礎となっている設計などについての理解を私たちは集積してきました。

機能回路については，まだまだ識別が簡単ではありません。しかし感覚運動系と統合システムという観点からそれらを分離することは，脳のすべてのレベルのすべての神経組織に存在する計算能力に基づいて，かなり詳細が知られるようになりました。すべての感覚系は，神経系のすべてのレベルにおいて表現されます。脳は探索的で，感覚運動プログラムがその探索を支えているのです。脳は，その末梢神経節からすでに受動的ではなく能動的で，反応するだけではなく予測します。遺伝子産物は状況に影響を受ける遺伝子ネットワークにより，学習したり，期待したりすることによって修正されます。多様な遺伝子ネットワークは神経回路網の一部であり，メッセンジャーRNAのあつまりの画像化を可能にし，脳の構造および機能について示唆を提供します。遺伝子と遺伝子産物またはゲノミクスは，発見のための現代的な神経ツールとなってくれるのです。

4

脳の画像化

脳を理解するため，そして脳の病気を予防したり機能を向上させたりするために，脳の内部で何が起こっているかを知ることが役立つと仮定しましょう。理に適っている気がしますね。しかし，論理的に見えることは，常に論理的であるとは限りません。たとえば，「脳の内部にある」という考え方はどれほど論理的で意味に重みがあるでしょう？　私たちの目指すゴールが，頭蓋骨に与えられた衝撃でどの電気経路が活性化されるのか，具体的に三次元的な場所を知ることなら，私たちは一つの意味で「内部」をよりどころとします。しかし，目指すゴールが，その衝撃をどう経験したかを知ること，あるいは，それによってどんな行動が生まれたり阻止されたりするのかを知ることであれば，また別のはるかに曖昧な意味での「脳の内部」を調べることになります。

それが何かおかしいというわけではありません。科学における最も偉大な発見のいくつかは，優れた実験の範囲外で積み上げられてきたのですから。どこか別の場所を見ることで，探していたものが見つかるかもしれません。あるいは，まったく予想もしていなかったことを発見するかもしれません。もしかしたら，何かを探していたことにすら気づいていなかったという場合もあるでしょう。

脳を画像化する

脳の内部を見ることにはいろいろな意味があり，特有の混乱がありますが，だからこそ我々はそれを実行することに興味をもちます。そのような混乱は長い間哲学者たちをイライラさせてきたので，現代的な脳を画像化する方法を使えば問題は解決すると思われているかもしれません。しかし実際には，画像化によりさらに曖昧さが加わり，同時に当惑が生まれ，より多くの説明を必要とする私たち自身に関する事実が暗示されたのです。

ニューヨーク市立大学で教鞭を執るアメリカの神経科学者エリザベス・フェルプスの研究室は，2000年以降，ほかの研究室と同様にたくさんの研究を実施してきました。その結果，人間は自分と同じ人種の人の顔写真と，違う人種の人の顔写真とでは，違う反応を示すことがわかったのです。もっと正確にいうと，個々の神経系は，異人種の顔を見せられると，fMRIもしくは陽電子放出断層撮影（PET）を使って検出できる差異を示すのです。このシステムは，顔の表情を処理するために重要となる脳の領域を分析するのに適用されてきました。一方，マサチューセッツ工科大学のナンシー・カンウィッシャーやその他多くの神経科学者は，これらのツールを使って顔認識と，顔の記憶に関連する脳領域のネットワークを特定してきました[1]。この必要不可欠な能力は成長の早い段階で現れ，適応に欠かせない内容がぎっしり詰めこまれています[2]。

fMRIは，脳のさまざまな部位への血流の変化を計測できる能力をもちます。そのため，現代の脳テクノロジーをベースとした脳画像システムのうちでおそらく最も興味深いものとなりました。血中酸素濃度依存画像を観察することで，脳の機能を考えや行動に体系的にリンクさせることができるという概念を中心に，一つの研究分野が発展しました。fMRIのスキャニングは神経細胞が活性化すると，活動電位がその細胞をとり巻く血中の酸素を代謝させるという事実を利用したものです。酸素化された血液細胞と，脱酸素化された血液細胞の磁荷を計測することで，それらの差異を記録し，より活性化したニューロンをそうでないものと区別することができます。このスキャニングの能力と，特定のタスクの割りあて，または特定の実験課題（fMRIのf，つまり「functional＝機能的」の部分）を組み合わせれば，結果として活性化された神経系と精神活動の相関関係が割り出されます。

PETは，活性化した分子に微量レベルの放射線を与え，これを検出することにより三次元画像を生成します。放射性トレーサーと画像装置の組み合わせにより，臓器の三次元画像が生成されるのです。放射性トレーサーはわずかに正（＋）の電荷を帯びた粒子で，血流もしくは臓器のなかへ注入されます。スキャン装置がその場所を記録し，画像を生成します。PETは心臓や循環器系の問題を探りあてるだけでなく，脳や神経系の病気を評価し，診断するのにも使われてきました。最近では特定の認知，感情，そして身体活動と関連する脳の部位を特定するためにも使われています。少し安価な技術である単一光子放射断層撮影（SPECT）も放射性トレーサーを利用して臓器の三次元画像を生成しますが，連続した断面画像は，通常PETで生成される画像よりも低解像度です。どちらの技術も，神経活動を特定の脳の機能と関連づける試みに利用されています。

カンウィッシャーが行ったような顔認識の実験では，脳の紡錘状回と呼ばれる領域への血流を確認できることがわかりました。紡錘状回は19世紀ドイツの解剖学者で，脳細胞を染色して脳の地図を作成したことで知られるコルビニアン・ブロードマンにちなんで名づけられました。紡錘状回顔領域は顔認識専用の領域である可能性があり，紡錘状回がいかに人間の進化に重要であるかを示しています（ただし，アメリカのシアトルにあるアレン脳科学研究所に所属するエド・レインのような神経科学者の研究により，この領域が想定されていたよりも解剖学的にはっきりしていないことが証明されました)[3]。

顔認識専用にできているこれらの領域は，この能力が人間どうしの交流にとっていかに大切かを示しています。顔認識は多くの場合，「生きるか死ぬか」の問題です。私たちの祖先が，たくさんの無表情な，もしくは敵意をもった顔のなかから，柔和な顔の相手を選ぶことができれば，生き残る確率が高くなるのは想像に難くありません。特に最も周囲に依存しており，傷つきやすい幼少期はそうでしょう(この時期だけとも限りませんが)。重要なことに，自閉症の人々の脳では，神経伝達物質であるGABAのレベルが，顔処理専用の視覚領域から減少しているようです。

脳の研究に使える画像技術のなかには，より古くなじみがありながら，新しい問題にも巧みに適応している装置があります。脳波(EEG)は，刺激に対する脳の電気的応答を識別する際に便利です。患者の頭部にとりつけた電極が脳の電気的活動を記録し，データがコンピューターもしくはロール紙に転送されると，一続きの線となって現れます。EEGは発作など脳の変化も拾うことができるため，てんかんや睡眠障害の検知，また全身麻酔下にある患者の監視や，意識があるかどうかを測定するのに便利です。最近では，さまざまな異なる外部刺激に対する人間の反応を研究するのにEEGが使われました。たとえば，ブランドや広告に対する消費者の反応を調べるニューロマーケティングのツールとして，または，ある種のフィードバック・システムと組み合わせ，新しいスキルの学習率を引き上げる目的などのためです。

コンピューター断層撮影(CT)スキャンは，コンピューター技術とレントゲン撮影の掛け合わせです。骨や筋肉などの組織にできた腫瘍を特定するのに頻繁に使われますが，脳の構造の異常を見つけることも可能です。

新しく加わった脳の画像化技術である機能的近赤外分光分析法

(fNIRS)は，脳内の酸化ヘモグロビンと脱酸素化ヘモグロビンの光学的特性，およびほかの色素胞(色素を含み，光を反射する細胞)に起きた変化を検知します。外側の皮質で起こるいくつかのタイプの脳の活動(運動活動，視覚の活性化，聴覚刺激，認知的作業の実行など)を測定するのに使用されます。fNIRSはほかの画像技術より高価で，脳の外皮質で起こる活動しか検知できませんが，脳の活動をより自然な条件下で測定できるので，さまざまな研究の場で使用されることが望ましい技術です。たとえば，fMRIは磁気を発生する機械のなかに患者が寝る必要がありますが，fNIRSでは座っていても，歩いていても脳の活動を測定できます。興味深いことに，fNIRSは嘘研究や脳深部刺激(DBS)療法などの評価に使われてきましたが，脳スキャニングの世界ではfMRIがいまだ大きな顔をして君臨しているのです。

fMRIに映った政治

脳をスキャンする新しい技術がこれほど多く存在すれば，実際に体験するとどのような利点があり，その価値がどれほどあるのだろうと当然考えてしまいます。たとえば私たちが政治家たちのことを考えるときは，彼らは脳内で何を考えていて，それによって私たちは彼らに対してどういう態度をとるべきか，そして最も重要なこととして，彼らの政治的な未来はどうなるのかについて考えるでしょう。2007年11月，6人ほどの神経科学，政治コミュニケーション，応用研究のエキスパートたちがニューヨーク・タイムズ紙に「これが政治を考えたときのあなたの脳だ」という記事を寄稿しました。イタリア出身でカリフォルニア大学ロサンゼルス校で教鞭を執る神経学者のマルコ・イアコボーニと同僚たちは，fMRIを受けている20名の人々に，大統領候補の写真とビデオを見せ，「非常に好ましくない」

から「非常に好ましい」までの10段階評価を下してもらったのです。もちろん，これはバラク・オバマが大統領選でジョン・マケインを打ち破るほぼ1年前のことになります。

研究者たちは，被験者たちが「民主党」「共和党」「独立候補」といった言葉を目にしたとき，扁桃体と島皮質に高いレベルの活性化が見られたことを発見しました。これらは不安と嫌悪感に関連する領域です。特に男性の被験者たちが「共和党」を見たときにこの傾向が顕著でした。もちろんこれは被験者たちの「民主党寄り」の傾向を反映したものだった可能性もあります。特定の候補者でいえば，「ヒラリー・クリントン」に対する反応が独特でした。前帯状皮質と呼ばれる領域に活性化が見られ，これはイアコボーニらによれば相反する感情，すなわち「クリントン夫人を好きになろうとする，認知されていない衝動と闘っている」状態を示しているとのことでした。彼らはまた，当初男性の被験者たちに存在したどことなく否定的な態度が，クリントン夫人のビデオを見るうちにより肯定的になっていき，女性の被験者たちはより中立的になっていったこともわかりました。当時，前ニューヨーク市長のルドルフ・ジュリアーニが共和党の非常に有力な候補でした。女性は彼のビデオを見れば見るほど好感をもち，ジェンダー・ギャップを超えて訴求力があることが示唆されました。もちろん，この結果には神経画像検査は必要ありませんでしたが。しかしfMRIの結果，伝統的なジェンダー・ギャップ（男性は共和党を好み，女性は民主党を好む）が確実に失われてきていることを示したのです。なぜなら男性の被験者も，女性の被験者も内側眼窩前頭前野という部分の活動が活発化したからです。この領域は快な報酬と関連があり，どの候補の写真を見ても結果は同じだったのです。ここまでは問題ありませんでした。

しかしここでほかの結果をいくつか振り返ってみると，ニュースは決していいものではありません。2007年，被験者にミット・ロムニーの写真を見せたところ，扁桃体に活性化が見られ，不安の兆しが見られましたが，彼をビデオで見るうちにそれが落ち着いたのです。記事の執筆者たちは「おそらく投票者たちはロムニー氏の姿をより多く見るうちに穏やかな気持ちになったのだろう」と書きました。しかし，この評価以上に彼を傷つけるものはないように思えます。なぜなら2012年にバラク・オバマに対抗して出馬したとき，彼はビデオで聴衆に対し「自分たちを犠牲者だと信じている」と発言して47％のアメリカ人の票を帳消しにしてしまったのです。非常に痛い結果です。そしてクリントン国務長官も2016年には2007年より男性に受け入れられていることを証明できませんでした（そしてドナルド・トランプのビデオや彼の女性蔑視発言を記録した悪名高い番組『アクセス・ハリウッド』の発言が数多くの投票者たちを不快にしながらも，彼を助けたという状況がつくられたわけです）。

政治を考えるときの脳について，研究の結果があまり多くを語らなかったケースがほかにもあります。ジョン・エドワーズ前上院議員の写真を見たとき，研究に参加した支持政党のない投票者たちの脳では共感と関連するニューロンの活動が増加しました。しかし数年後，がんで闘病していた彼の妻に対する背信行為が明らかになると，同情していた投票者の脳細胞はただちに活動しなくなったのです。最終的に大統領候補に残った二人の人物，バラク・オバマとジョン・マケインについては，被験者たちはどちらに対しても大した反応やイメージをもっていませんでした。もちろん，私たちの注意を引きつけるのが大統領候補の仕事ですから，それぞれの所属政党に指名される程度にはうまく立ち回ったわけです。そして当然ながらバラク・オバマは大統領に選出されるのには十分の好意的な注目を集めました。しかしこの結果を得るにもfMRIでテストする必要はありませんでした。

心にアクセスし，理解するための脳の画像検査の限界や可能性を多くの人が指摘しています。我々としても，過去の脳の画像化の興味深い適用例を単純に振り返るつもりはありません。執筆者たちが報告した実験結果は，当時は疑いなく，特に神経科学の研究室のコントロールされた条件下では，有効だったのでしょう。そして，それこそが彼らの限界だったのです。脳テクノロジーを状況下からとり出して，脳が実際に活動している，活気に満ち具体化された社会に適用することが可能であるという一般的な概念があります。しかし，これは技術そのものに対する原罪といえます。実験がもし二つの大統領選挙戦の期間中，毎日繰り返されたとすれば，間違いなく結果が変化していくのを見ることができたでしょう。肝心なのは，未来の行動に対する推測は，脳活動パターンを一度計測した程度では立てられないということです。アメリカの精神科医サリー・サテルと，スコット・O・リリエンフェルドが，彼らの批評『その〈脳科学〉にご用心：脳画像で心はわかるのか』(2015年，紀伊國屋書店)で説得力ある言い方で主張したように，このような行動は脳の内部と外部にある無数の不確定要素に依存しているからです。行動は，私たちが世界にどのように用「心」しているかの表れなのです[4]。

嘘発見

政治について考える古い脳は大して変えられないとして，我々はこれまでテクノロジーの可能性を軽視してきました。もし政治コンサルタントたちが仕事をするのに脳の画像化に頼れないとしたら，脳テクノロジーが嘘の発見に有望である可能性はどのくらいなのでしょうか。人間の進化には助け合う努力がたくさん必要で，またさまざまな形の偽り——自分たちが知っていること，しようとしていることを隠し，他者を欺く行為——も同様に存在します。知能の進化は，期待と，自分たちの能力を拡大するための道具の激しいせめぎ合いに満ちていました。長い進化の時代において，道具づくりおよびその使用を可能にしたのと同じ皮質が拡大したことにより，偽る技術も育てられたのです。最も古い職業としては売春業がよく引き合いに出されますが，それに並ぶものとして，政治家を見落としてはいけないと思います。

信頼できる嘘発見システムの影響は，法律制度に対するものだけでも，膨大な数にのぼるでしょう。結局，現実は数えきれないほど多くの不確定要素に依存しきっていて，私たちが「一体何が起きているのだろう」と数々の方法で気にかける政治的態度とは違い，嘘をつくことはかなり自己完結型の行為のように思えます。時代遅れの嘘発見器は不格好で，真実を追究するよりは，容疑者をおびえさせるだけに役立つ技術に見えます。もちろん，脳アプリが何らかの分野で有望な進展なのであれば，少なくとも真実と正義の理由を提示するのには役立つべきでしょう。

すでにご紹介したもののうち，脳の血流および嘘をつくことに関する神経の活動を検知できる二つの技術，fNIRSとfMRIは，研究によると有望だと証明されています。理論上，真実を述べることと嘘をつくことを司るそれぞれ異なる脳構造は，嘘発見に使える可能性のあるシステムです。2000年代初期に行われた研究によると，真実を述べることは脳の後方の構造により支配された自動の反射作用で，それに対して偽りにはより複雑な神経活動が含まれており，前帯状皮質と，前頭前皮質の背側および腹側の領域が関連しています。これらの領域は真実味のある応答を抑制することと，嘘をつくり出すことの両方を促します。そのほかの実験結果によれば，異なる種類の嘘（特にその嘘が自分自身のことに関してか，他人に関してかによる）は異なる神経学的事象を引き起こすことが示されています。ですから，もし神経画像検査を基本として嘘発見を行うのであれば，システムを非常に詳細にする必要があるのです[5]。

fMRIをベースにした嘘発見脳アプリの課題は，ほかにもいくつかあります。たとえば，嘘をつく行為は，多くの場合，記憶力と結びついています。誰かが嘘をついているかどうかはともかく，「あなたは1月16日の夜どこにいましたか？」という問いに対して正確に答えるには，記憶を呼び覚ますことが必要です（手帳のカレンダーをチェックしてはいけません）。しかし，ある研究によると，単純な対策を講じるとfMRIの記憶検出を妨害でき，その正確性を100％から33％に落とすことが可能だという結果になりました[6]（休息している状態で，被験者が特に何も考えてないときでも，MRI活動はあるのです）。この研究では，ボランティアが秘匿情報検査に参加し，顕著かつ無意味な刺激に対する彼らの神経活動が記録されました。関係のない刺激に対する反応として指やつま先を動かすことにより，関係のある刺激に対する神経学的反応と，関係のない刺激に対する神経学的反応の差異は減少しました。もう一つややこしいことは，実際に嘘をつく場合は，一般的に準備に時間があり，研究室で設定したシナリオにいきなり放り込まれるのとはわけが違うことです。神経科学的な嘘発見は，真実を語るという反射的な行為に比べ，嘘をつくにはより複雑な神経処理が必要であるという考え方を条件にしています。しかし，練習を積むことにより，嘘をつくという複雑なタスクもすぐに第二の天性になり，真実を語る行為と区別がつかなくなってしまうのです。これは生まれついての嘘つきといえる，サイコパスと呼ばれる人々の脳を測定するときに特に問題となります。

記憶の神経学上および経験上の複雑性も，神経科学的な嘘発見の信頼性をおびやかすものです。記憶は，いつでも開けて変わることのない，コンピューターのファイルのように格納されているわけではありません。記憶の詳細も，記憶全体でさえも，変わったり消えたりします。年齢によっても正確性が異なり，さらにもしトラウマ的な記憶であれば，抑圧されて検知できない可能性もあります。さらに，ハーバード大学で教鞭を執るアメリカの心理学者ダニエル・シャクターが観察し，19世紀の哲学者ウィリアム・ジェームズも述べているように，短期記憶，長期記憶，自伝的記憶，馴化など，記憶にはさまざまなタイプがあります[7]。これらの機能にはすべて異なる回路や化学物質が関与しています。そして，よく知られていることですが，形式ばった質問のほうが，くだけた質問よりも（たとえば，尋問とパーティーでのちょっとした会話のように）暴こうとしている記憶を変えてしまう可能性が高いのです。最後に，その性質上，fMRIもまた協力的な被験者を必要とします。なぜなら，fMRIのスキャンには10～90分かかり，その間被験者は動かずにいる必要があるからです。非協力的な被験者だとほんの少し動いてしまうことで有効なデータを収集できなくなります。まばたきのような基本的な動きでさえ，fMRIの信号に大きな揺らぎが発生してしまうのです。

取り急ぎ，嘘発見計画の全体についての哲学的なただし書きをつけ加えておきましょう。嘘は嘘であることが明白に思われがちですが，ときにはそうでないこともあります。自己欺瞞（偽りの記憶の一形態）を超越して，私たちは本当に自分が嘘をついているときと，そのとき経験している感情にとらわれているときの区別ができなくなることがあります。「愛しています」という言葉は，多くの場合これ以上ないくらい自分をさらけ出した宣言に受けとれますが，柔らかな照明とキャンドル，上質なワイン，そしてロマンティックな音楽を用意し，さらに脳ホルモンであるオキシトシンをたっぷり注射していた場合，冷静な傍観者がいれば，当然ながらこの関係が長続きする可能性を疑うかもしれません。

確かに，神経科学は嘘と関連する脳の領域と行動を明らかにするという大幅な進歩を遂げました。しかしまだ解決されていない問題がいくつかあり，果たして神経科学に基づいた嘘発見が実社会に適用できる段階にあるのかという疑問を投げかけています。個別の研究では，真実を語ることと嘘をつくことは脳のスキャンにより識別できると繰り返し実証されていますが，嘘と関連する脳の部位に関する研究では，一貫性のない結果が生じています。また，生物学者たちが述べているように，同じ脳の領域が，さまざまな機能に「借り出される」のであれば，嘘に関連する部位で観察される活動を，嘘が存在する裏づけとみなすべきではありません。

ものを見るということ

これまで，脳の画像化に対する我々の判決は，保留が多くなっています。脳の活動に基づいて政治的態度を読みとることを期待しないようにするのは，大して難しいことではありません。嘘発見はそれよりもやや複雑なケースだとわかりました。それでも我々は多くの希望を見いだすことができます。しかし，少なくともこれまでのところ，それほど実用的な性能は見込めません。マーケティング担当者にとっては，ブランドやロゴといったイメージに対する具体的な反応のほうがより期待がもてるものかもしれません。しかし商業目的の脳アプリの利用は，消費者を選び実際に討議をしてもらうフォーカスグループのようなローテクな手法に比べ，まだ実用的な価値を検証する必要があります。

次に挙げる例ははるかに複雑なケースで，複数の技術と複雑な計算を必要とするだけでなく，何かを見てそれを「視覚化」するということについての私たちの常識に挑戦するものです。ディスカッションのため，私たちは「フィルムやビデオという形での映画の発明によって，125年前の人々には不可能だったさまざまな世界の見方が可能になった」ということに同意したと仮定してください。これは十分にわかりやすい話に思えます。偉大な画家たちが人体解剖学を細部まで研究してから人体を描いたとき，人々が新しい方法で人間の身体を見ることを確実に助けたはずです。それと同様に，自然を題材にした映画からラブストーリーまで，映画は現代人に世界と自分たちの生活を見る新しい方法を教えてくれたのです。人々にとって，自らが経験した事象の思い出を，自分の内部に映った映画のように描写することは，一般的でさえあります。これは私たちの高祖父母たちには不可能だった描写の形です。

それでは，19世紀後半までの私たちの祖先のすべては心的イメージについて考えたことがあるのでしょうか。つまり実世界もしくは夢で何かを見ていたか，それを精神の映画館で，映画のように何度か繰り返し見ることができたかどうかです。実は，映画の到来よりはるか前，といっても霊長類の進化の時代と比較するととても最近で，まばたきより短い程度の昔ですが，人間の言語は視覚的なメタファーにあふれていました。視覚に障害があり，色や物体を見たことのない人でも，知的に，訳知り顔で，視覚イメージにあふれた言葉を使っていたのです。アメリカの神経科学者スティーブン・コスリンは，視覚イメージは言語とは独立しており，何かを実際に見ている場合も，それを想像した場合も，視覚野がイメージを支えていることを発見しました[8]。「百聞は一見にしかず」との言葉どおり，言語的な隠喩には，私たちが視覚を通して理解を得ることが示唆されています。哲学の歴史は，光を知性とたとえるプラトンの比喩とともに始まり，それは啓蒙主義（原語は光で照らされる）の古典的情報源となり，近代を形成しました。

こうした写実主義的な自己認識の共通した特徴，つまり私たちの自然な言語と，私たちの文明化の条件は，偶然の産物ではありません。類人猿の進化は視力の拡大が中心を占めることが大きく，この視覚的調和の向上への動きは人間の生理学，文化，そして感覚に影響を与えました。コスリンは視覚と視覚的想像が脳の共通した特定の領域とつながっていることを示した研究者の一人です。そして，このシステムの複雑さは，人間の視神経の関与が及ぶ範囲を反映しているのです。私たちの祖先がたくさんの「実験」を通して得た視覚システムの拡張は，視覚野と呼ばれる脳の部位で簡単に認識することができます。視覚刺激を符号化する脳の能力はきわめて高く，また，その必要があるのです。私たち人間は，することのすべてについて，大部分を視覚的な刺激に頼っています。脳の大きい割合を視覚処理のためだけに割いているのはこのためです。

ここで再び，顔認識について考えてみましょう。私たちの神経系は視対象とその意味に適応しているため，幅広い神経領域が顔の表情と結びついています。さまざまな顔とその他の物体をさらに多数の意味に結びつけることは，神経回路網の組み合わせを通して起こることが多いのです。結局，私たちは背景となる風景に終わりなく足場を組んでいるのであって，その風景で情報が届けられ，記憶するために符号化され，練習によって記憶に深く刻み込まれているのです。視覚システムの下位レベルにあるニューロンは，視覚的光景のなかの単独の，具体的な特徴に対して敏感であることがわかっています。高次レベルの視覚野は，非常に具体的な属性に反応しますが，これらの属性は物理的刺激からかけ離れています。その代わり，これらの属性はどんどん複雑性を増していく概念，たとえば物体の動き，もしくは顔の独自性などを表します。私たちは外部からの情報を自動的に自らの視覚システムの内部に描写し，表現するのです。

視覚入力は非常に豊富な情報を含んでいるため，私たちは脳の多くのスペースと神経系を使って管理します。そうした情報を使って，神経科学者は脳の情報符号化のプロセスを調べて，未来の脳の機能と外部へ向けた行動を予測することができます。視対象の検出と認識は，その物体の特徴と機能により一部符号化されます。たとえば，異なるもの（道具・顔・動物など）は脳でそうしたものの特性と機能（ハンマーや，おそらく道具の使用にも前頭葉の運動領域を使うなど）によって符号化されることがわかっています。

fMRIによって，私たちがものを見ているとき脳のどの領域が活性化しているか，つまり神経科学者が符号化と理解している活動がどこで起こっているかを判断することが可能になります。我々はそうしたものの符号化と，脳のどの部分が活性化されるかの関連性を研究し，その情報を，新しい状況下で新しいものを見て経験したときに脳がどのようにふるまうかを推測するのに使います。この段階を解読と呼びます。最近の解読の研究では，被験者がどの連続する写真を見ているか，神経の活性化から推定することができました[9]。いい換えれば，私たちがものを見ることを予測するとき，その予測は脳で符号化され，ようやくそれを実際に見て満足すると，その経験は解読のプロセスをともない，認識を可能にするのです。さまざまな事象の符号化と解読の関係を研究する目的でfMRIを使用することは，この指標がニューロンの活動を直接観察するのではなく血流を測定することから，ある程度適しているといえます。

最近の研究のうち最もわくわくする（映画的でもある）試みは，目に見える物体の特徴を再現しようとするもので，脳画像の解読を基本としています。数式と非常に計算の速いコンピューターを使ったこの研究では，選択された写真のグループのなかからある人物がどれを見ているかを判別できただけでなく，被験者にとってなじみのないものや，自然物を特定することができたのです。fMRIを使って，特定の事象や意味カテゴリー（人工の木か自然の木かなど）に対応する活性化パターンを明らかにしたこれらの実験の目的は，神経応答のパターンから見ている物体を特定することでした。こうした解読研究は，最終的には，人物が実際に何を見ているのかを脳の活動から推測することに利用されるかもしれません。

頭のなかの映画

しかし，一つのイメージから私たちにとってそれが何を意味するかを解釈するのは，写真を言葉に置き換えることほど単純ではありません。むしろ，「セロリ」や「飛行機」といった言葉は，脳ではそれぞれ異なる神経のマッピングパターンをもち，基礎となるさまざまな認知システムを，異なる方法で活性化します。この「意味空間」は脳全体に分散されています。

この分野で最も傑出した神経科学者はカリフォルニア大学バークレー校で教鞭を執るジャック・ギャラントでしょう。彼はfMRIを受けている被験者の視体験をビデオに見事に再現しました。我々がギャラント氏の研究室を訪ねたとき，彼は自分のゴールについてこう説明しました。脳は数学的なシステムなので，現実世界を推測できる正確なモデルを構築したいとのことでした。彼は脳を自然に機能させているのと同じ信号を使う必要がありました。そうでなければ，数学的にいって，必然的に一般化できない答えで終わることになります。ギャラントの観察によると，もし非常に複雑なシステムをもち，その領域で推測をしたいとすれば，同じ信号を使う必要があるのです。それぞれの被験者に個別化されており，その人が起きている間の視覚活動に基づいた脳の自然な視覚信号システムを詳細に理解することにより，夢で見たイメージを再現した映画を創造できる可能性があると，日本の研究室で行われたfMRIに基づく解読プロジェクトが原理上証明しています[10]。こうした技術の大きな功績が可能に思えるのは，視覚イメージ（起床時・睡眠時に関係なく，あるイメージについて考えること）の基礎となる脳のメカニズムの多くが，視覚（実際に何かを見ているときにつくられるイメージ）の基礎となるメカニズムと同じものだからです。

私たちの人生において重要な瞬間は，想像であれ実際見ているのであれ，多くが視覚的です。視覚システムは，私たちの機能の鍵となります。視覚システムは目を閉じているときでも，想像の視体験を通して活性化しています。このシステムの重要性とその効果を考えれば，この経験の基礎となる過程やメカニズムを理解しようと探求したくなるのは当然でしょう。

ただし，視体験を解読することと，行動を推測することは区別する必要があります。どの候補者に誰が投票するか，どのビールに誰が手を伸ばすかについては，世論調査やフォーカスグループ以上によく推測できるものはないでしょう。しかし，視覚障害をもつ人々の機能を再現する試みや，視覚的な健常者が何を見ているのかを推測するツールをつくる試みには大きな進歩がありました。fMRIからは限られた情報しか得られないのに対し，そしてfMRIを利用した発見はときに誇張されて伝えられているにもかかわらず，これらの画像技術から得られたデータは，神経の世界と，その視覚システムへの関わりについて，私たちの基礎的な理解を補ってくれるのです。研究室で脳テクノロジーを使い，この分野を研究し続ければ，行動の限られた型を推測する能力をさらに改善できるかもしれません。

現実的な視点に立つと，神経科学をベースにした嘘発見が，遺伝子検査と同様のほぼ確実なレベルに到達することなしに，そして，到達できるまでは，独立した技術としては将来的な展望はあまり得られないでしょう。しかし，アメリカのノーライMRI社という企業は，彼らの製品が目撃証言の裏づけとなると示唆しています[11]。同じくアメリカでfMRIの嘘発見サービスを提供しているセフォス社は，彼らの嘘発見がさまざまな理由で「法廷で証拠として認定される見込みがある」と主張しています。その理由として，脳のスキャンが法廷で証拠として承認されたこと（2005年，ローパー対シモンズの判決），過去または現在続行中の嘘発見の研究の数の多さなどを挙げています[12]。

私たちは真実を重んじ，信頼できることを美徳と考えています。信頼できることが神経の判断力や，こうした事象の基礎となる脳の領域，また化学的な環境とどのように相互作用をもっているのかを理解することに，神経科学は貢献しています。真実を語りそうな人々のことを考えてみてください。彼らは強い意志のもとにそうしているのでしょうか。それとも，衝突や自らの弱さから逃れたいだけなのでしょうか。実はその両方だと判明しました。「隠蔽は意図的な罪よりも悪い」とよく耳にすると思います。リチャード・ニクソンとウォーターゲート事件，ビル・クリントンと彼のセックス・スキャンダル，ドナルド・トランプのカネのやりとり，またはインターネットを舞台にした政治的影響力のキャンペーンなどが思い浮かぶと思いますが，真実を語るほうがよほど楽かもしれません。隠蔽し，嘘をつき続けるのには，資源が必要です。認知的に膨大で，消費しやすく，高くつきます。対価は，発覚しないよう真実を守り続けることへの執着，偽りに専念するための神経の活性化，神経発現，またはおそらく神経機能の低下です。神経にただ乗りすることはできないのです。

神経科学の実験を1セット，考えてみましょう。そのなかで，信頼できる真実を語る人々は，嘘をつく人々と比較して，真実を語るときにより少ない矛盾とより多くの自発性を経験するとしましょう。矛盾が少ないと，fMRIによって脳で計測される神経活動も少ない結果になります。これは嘘をつくときの典型かもしれません。なぜなら，一般的に嘘をつくほうがより多くの認知的努力が必要になるからです。もちろん，サイコパスや，嘘をつくほうがより大きな目的のために役立つと確信している場合などは別ですが。このような考え方は，ハーバード大学で教鞭を執る心理学者のジョシュア・グリーンとジョセフ・パクストンが気品仮説（grace hypothesis）と呼んだものに反映されています。気品仮説とは，誠実な道徳的決定をすることは，不誠実な道徳的決定をするよりも，前頭前皮質のような脳の領域において認知的コントロールが少なくて済むという考え方です[13]。

欲のために進んで嘘をつく人物は，より多くの皮質活動を必要とします。意志決定が困難な場合はより多くの皮質の発現と活性化を反映するので，これは驚くべきことではありません。神経科学の考え方が，私たちが人格者に対してもつ概念にとって代わることはないのです。むしろ，適切な社会的状況と文化的な進化における道徳的な人々の行動についての考え方は，いかに私たちの脳により基礎づくられているか，実体をもって理解させてくれます。

犯人捜し

被告人が犯罪行為をしたと証明するには，問題となっている物理的行為が起こったこと（アクタスレウス＝違法行為），そしてその行為をしようとする意図があったこと（メンズレア＝犯罪意思）の両方を示す必要があります。意図は精神活動ですから，メンズレアは嘘発見の技術を適用する絶好の試験場となります。法律では通常，メンズレアに次の四段階の意図の勾配が含まれます。目的，認識，無謀さ，過失です。現在の脳テクノロジーでは犯行当時の意図を遡って再現することはできません。しかし，被告人が意図を形成できる度合いを証明し，その能力が問題となる犯罪に関係していると主張することはできます。たとえば，もし被告人が意図的な行為をする能力がない（重い脳の障害のためなど）と示されれば，被告人の弁護士は，犯行当時に被告には意図を形成する能力がなかったと主張でき，罪を軽くすることができます。

意図を形成する脳の領域と活動パターンを特定する研究が行われています。ただし，意図的な行為と比較するために，意図的でない行動を導き出して計測するのは，明らかに難しい問題です。これを回避するため，2004年に行われたある研究では，被験者にボタンを押すという単純作業をさせ，その行為をする意図，あるいはボタンを押すという行為そのものに意識を集中してもらいました。2007年には，それと似た研究により，意図することと行為を実行することの神経学的な区別が示されました。ピッツバーグ大学で教鞭を執るアメリカの神経生物学者ピーター・ストリックは，運動前皮質から脊髄へ下る経路を示しました。

こうした研究により，生物学的な意図の発生箇所は特に前補足運動野であり，前補足運動野が脳のほかの領域と連結し，意図の形成と行為の実行に影響を及ぼすことがわかり始めています。前補足運動野と関係のある領域が機能障害を起こすと，意図的な認識なしに複雑な行動が起こされる可能性があります。角回《かくかい》と呼ばれる脳の領域は，意図が形成されるとそれを反映する能力と相関関係をもち，この領域に病気やけがでダメージが与えられると，それが行為となって表れるまで当人が意図に気づかない状態に導く可能性があるのです。

外傷性脳損傷と抗うつ剤などの薬物の使用も，法的に重要な意味でメンズレアに影響することがあります。抗うつ剤であるプロザックのような薬物が依頼人のメンズレアを低下させると弁護士たちが訴え，通常その時点で科学の専門家たちが介入して，それが事件かどうかの論争になります。前頭葉へのダメージをともなう外傷性脳損傷は，患者が自分の行為に道徳的理由を組み込む能力を低下させることがあります。もし画像化によってこのタイプのダメージを示すことができれば，法的判断に影響を与えるのではないかという仮説が立てられています。

MRI，PET，そしてEEGの証拠について専門家が目撃証言を行った「ステート対イデルフォンソ＝ディアスの判決」では，控訴裁判所が「消失した能力に関する専門家の証言は，被告人が精神疾患もしくは精神障害により，罪に値する精神状態を形成する能力に欠けていたことを証明できる際にのみ適切とする」[14]と判定しました。

陪審員団が脳のスキャンのような生物学的証拠に感心したという証拠はいくつか存在します。しかし法廷での脳テクノロジーの使われ方に興奮しすぎる前に，アメリカの裁判所ではどのような種類の「科学的」証拠を陪審員に見せるかについて，厳密な規則が設定されていることに注目することが重要です。法学部の学生は1993年の「ドーバート対メレル・ダウ製薬の判決」によって，科学的に有効であり，専門家証言に関連する情報のみ許可するという現在の基準（ドーバート基準）が設定されたということを学びます。専門家による法廷での発言は，「科学的知見」とみなされるものに見合う水準の高いものでなければならないとされています。科学的知見とは，科学の手法または手順において十分な根拠がある事実，または理論です。

脳のスキャンはドーバート基準を満たすテストに適合するでしょうか？神経科学者の大部分はノーと答えています。脳のスキャンの被験者は少ない場合が多く，学生から募られることがよくあります。したがって，サンプルとして必ずしも全人口を代表するものではなく，その研究を適用する予定である被告人を代表するものでもありません。また，科学的な発見は通常，平均化され，統計的にグループわけされていることが多いため，研究データを法廷という状況にある個人にどうやって適用するのかも不明瞭です。ある一つのグループに属する二人の個人の間のばらつきは，違うグループ間のばらつきより大きいため，たとえば，どの統計的なグループに被告人があてはまるのかを判断するなどは困難でしょう。ですから，fMRIによって二人の人物についてメンズレアを調べるなら，どちらにどの程度意図を形成する能力があるか正確には特定できないまま，二人とも同様に脳活動が低下していると示すかもしれません。

イメージを消費する

もし脳の画像化が，政治的な予測にも嘘の発見にもあまり有望でないのであれば，広告のために神経科学を利用するのはどうでしょう。最先端の心理学はマーケティングの世界での長い実績があります。1920年代，ジークムント・フロイトの甥であった広報活動の専門家エドワード・バーネイズは，精神分析の原理をニューヨークのマディソン街にもち込み，アメリカの心理学者ジョン・ワトソンは行動主義心理学で同じことを実行しました。次に来るのはニューロマーケティングの時代なのでしょうか？　広告主によっては，神経科学の力を借りて消費者を引きつけるための費用をより抑え，人々の財布の紐をゆるめるための新しい情報を得たいと考えているようです。ある個人の好みの情報を集める伝統的な手法，たとえば市場試験や，選択のシミュレーション，アンケートやフォーカスグループなどでは，同じ質問をしても異なる結果になることが多いのです。もしかしたら脳の画像化により，人々の主観的な選択を明らかにして，同時にそれにアピールすることが可能かもしれません。人々がそれらを公開したくなくても，また，まったく意識していなくてもです。

「支払い意欲」の研究は，特定のものを食べるなど，ある特定の体験に対して被験者がどのくらいお金を払うかを究明するもので，その体験の期待効用の表れといえます。支払い意欲は，内側前頭眼窩皮質と前頭前皮質と相関関係にありますが，これらの領域は報酬の予測と体験にも関連しています。しかしここで再び嘘発見につきまとう問題にぶつかります。なぜなら，一つの脳の領域は無数の認知プロセスに参加しているため，局所的な脳の活動だけからはある認知プロセスを確実に推論できないのです。

たとえば，シミュレーション上の買い物体験の間に脳磁図を使うある実験では，製品の選択と関連する脳のプロセスを突き止めました[15]。発見の一つは，被験者の後頭皮質が活性化したことで，この領域は作業記憶に関与しています。その後，製品の選択を，その製品を過去に買ったり，使ったり，広告を見たりした記憶と比較しました。刺激を受けた400ミリ秒後，男性の脳では右側頭葉に高い活動が見られ，空間記憶が使用されていることが示されました。しかし女性は左の頭頂後頭葉をより多く使用していて，その製品に関する知識に基づいた選択がなされていることを示したのです。もしこれらの結果が裏づけられたとしても，マーケティング担当者たちがどのように利用したらいいのかは明確になりません。広告キャンペーンはすでにターゲットの性別によって変えられていますし，ほかの性別に関係のない多くの要因が購買を左右しているのも明白です。

科学者たちは予想できる選択についても比較しました。被験者にとってその製品がすでになじみがあり，気に入っていると表明した場合です。当然のことながら，購入の決断は早く下されました。こうした決定には右頭頂領域が関わっていて，その後，左の前頭前皮質が活性化しました。これは，呈示された商品そのものと，同じ商品を使った際の記憶の比較を示している可能性があります。予想外の選択，つまり被験者たちが特定の製品になじみがない場合，決定が下されるのは遅くなりました。これには右下前頭皮質と，のちに左眼窩前頭皮質が関わり，その製品名を大きな声で読み上げたこと，便利そうな見た目を評価したことが決定に関わったことを示しました。これらの発見は，選択には数多くの脳の領域が関わり，さまざまなレベルで影響を受けやすい複雑なプロセスに左右されることを示唆しています。

製品がいったん市場に出てしまったら，研究は消費者の脳の活動と，製品がどのくらい便利そうに見えるか，そして買った人にいかにその製品が便利だと感じさせることができるかに集中します。これを「誘導効用（induced utility）」といいます。市販後の製品の動向を調べる調査員たちは，ある消費者が製品から何を得ようとしているのか，実際に何を得ているのか，そしてその製品を再び購入する見込みの神経学的な関連性を理解したがっています。しかし，fMRIを受けている最中のある被験者の身体的制約（磁気が発生する機械のなかに閉じ込められていることなど）により，製品の写真や広告を見る必要のあるこうした研究は大きな制限を受けます。これは実際に店にいる代わりにするには信頼性に欠けます。オンラインショッピングでさえ，MRI機器に閉じ込められていれば，家でのんびりしている状態とは違ってきます。

1960年代，社会心理学者たちは，講師がより権威の高い地位にあるときに，学生たちはその講師の身長をより高く感じていることを発見しました。同様に，購入を決定する一つの感情的要素として，神経科学の実験で測定できそうに思えるのが，ある製品が望ましいという体験に基づく，私たちの期待の影響です。ある研究では，価格に基づいた効用への期待は，ワインを味わうという経験済みの効用に対する眼窩前頭皮質の反応に影響を及ぼしました。つまり，被験者がそのワインを高価だと信じているとき，彼らの脳では高いレベルの経験済みの効用という信号が送られ，同じワインが安価だという説明を受けると，被験者の脳のこの領域は同じようには活性化しなかったということがわかりました[16]。同様に，被験者たちはある鎮痛剤が高価であると信じたときにより高いプラシーボ反応を表しました。期待を誘導する刺激は，その製品に「新しく改良された」といったフレーズを加えるか，または価格を変更することで操作（または研究）できるのです。このようなことが起こると，ドーパミンのような脳内化学物質が，これらの認識された効用に対応するような方法で脳の領域に放出されます。多くの実験で，期待とドーパミンの放出の関係が証明されています。

EEGの実験では，テレビCMを見ている被験者が，10日後そのCMを憶えているかどうかによって異なる脳の活動を示すことがわかりました。

CMを憶えている人では左前頭領域に高い活性化が見られ，前帯状皮質，帯状皮質運動野も同様でした。これは記憶に感情が一役買っていることを示しています。広告とロゴも楽しみに対する神経学的な反応という状況で研究され，好みと嫌悪感の具体的な表示とニューロンの活性化の特定のパターンが相関していました。ある一つのグループの被験者たちは，ブランドロゴのサブリミナルな提示を受けると，内側前頭前皮質でより高い神経の活性化が起こりました。また彼らは「報酬」をより衝動的に選択したということです。このように，食べ物や政治的な候補者は，楽しみや魅力の神経学的な指標として研究の対象とされてきたのです。

これらの研究は，製品自体も，CMやロゴのようなマーケティングツールと同様，脳の信号に従い，好ましさを得るためにデザインすることや，逆行分析することができることを示しています。今では多くの企業がニューロマーケティングのサービスを提供しています。たとえばアメリカのニューロフォーカス社は，「マインドヘッドセット」と呼ばれる，乾式の「ワイヤレスの全脳EEG測定」装置を活用しています。これは，「モバイルの店頭マーケティングリサーチと，家庭でのメディア消費に革命をもたらす」[17]とされる装置です。同社は，神経科学を筆頭としたさまざまな戦略を利用して，ブランディング，製品開発，パッケージング，店頭体験，広告，そしてエンターテインメントの最適化を図っています。イギリスのニューロセンス社は，「システム1――ほとんどの消費者の決定の基本となる無意識または高速思考プロセス」[18]に注目することで，「消費者の購買行動の隠れたきっかけ」を明らかにできるとうたっています。

こうした宣伝文句の真偽について我々は口を出すことはできません。しかし，神経科学の最も面白い実践がマーケティングとコマーシャリズムという状況で行われていることは間違いありません。ペンシルベニア大学で教鞭を執るマイク・プラットと彼のチームはサルの神経学を研究し，ある一つの場所にとどまるか，ほかの場所を探索するかの決定に，脳のどの分野が関わっているかを調査しています[19]。新しい場所を探しているときには，後帯状皮質が活性化しており，後帯状皮質が，もしかしたら買い物をする人々が次の陳列ケースに移動することを決定したり，企業のクリエイティブ担当役員が新しい製品ラインに没頭したりするときにも働いているかもしれません。ギデオン・ネーブが率いる同じくペンシルベニア大学の別のグループは，テストステロンを単回投与された男性が高級な製品を欲しがることを示しました。おそらくこれはほかの種の動物のオスが派手な羽毛などの身体的特徴で実現するディスプレイ行動の一種だろうとしています[20]。残念ながら，テストステロンが増加すると意志決定のスキルの低下を招くこともわかっています。もしかしたら，これがまさに大量消費主義がある意味期待していることなのかもしれません。特にビールのコマーシャルが若い男性をターゲットにしているときなどに。

神経画像検査によってプライバシーが失われる心配は熟考に値しますが，非常に誇張されてもいます。私たちの分厚い頭蓋骨は調査するには非常に硬く，特に遠くからは調べることができず，fMRIを使った最も刺激的な実験でさえ，閉所恐怖症を患っていない，並外れて協力的な被験者を必要とします。プライバシーへの心配はむしろ，外的行動にはるかに適切に向けられています。行動，たとえばごくわずかな筋肉のけいれんやオンラインのネットワークづくりなどは，実際にモニターすることに意味があるかもしれません。しかし，こうしたテクノロジーはすでに存在しており，古典的な無意識の行動を利用しています。もし長距離から脳のスキャンが可能になれば，社会は同意に関する遠大な会話を突然始めなければならなくなります。そして不幸なことに，おそらく独裁政権の統制下に置かれ，同意など関係なくなる可能性のほうが高いでしょう。

5

脳の工学

動物の行動をテストするため，科学技術を使って脳を操作すると，文化的にも，倫理的にも，当惑するような結果になることがあります。ネズミを交尾させるべく出会わせたある実験では，オスのネズミが檻の反対側にいるメスに近寄り，のしかかって交尾に進もうとしました。しかし1，2秒後，オスはふらりとその場から離れたのです。メスが追いかけると，オスは振り返り，鼻先をメスの鼻先に擦りつけました。これは典型的な交尾のジェスチャーです。オスはくるりと回って，またメスによじのぼりました。しかし，今度は結果が異なりました。実験者の一人がオスの脳に埋め込まれた光ファイバーケーブルを起動し，オプシンと呼ばれる，光に反応するタンパク質を特定の細胞に流し込み，活性化させたのです。一瞬ののち，オスは激しくメスを攻撃し，背中に飛び乗り，前足でメスの身体を引き裂こうとし，首に噛みつきました。そして，同じくらい瞬時に攻撃をやめ，元いた檻の隅に戻りました。オスの脳に流れ込んだレーザー光のスイッチが切られたのです。このような新しい遺伝子ツールを使って，攻撃性の神経科学をよりよく理解するための実験が，たくさんの研究室で行われています[1]。

光遺伝学

このような攻撃性の実験対象として一般的なのは，アーモンドの粒ほどの大きさの視床下部という器官です。視床下部は脊椎動物の基本的なプロセスを多く司ります。たとえば，睡眠や食欲などの概日リズムもそれに含まれます。1940年代，スイスの神経科学者ヴァルター・ルドルフ・ヘスが実験で電気的刺激を使った頃から（彼はこれでノーベル賞を獲得しました），視床下部は交尾に必要不可欠とされました。また，マサチューセッツ工科大学の研究者たちにより証明されたように，非常に攻撃的な行動にも欠かせないものです。光遺伝学という新しく，優れた実験技術を使うことで，ネズミの視床下部腹内側部が遺伝子と光によって刺激され，その行動が突然怒りを爆発させたように見えたのです。このビデオで最も当惑するのは，性交に関連するのと同じ脳の構造が，攻撃にも関与しているということです。

ただし，洗練され，行動を非常にコントロールされたこの実験に基づき，「セックスは暴力と同じである」という恐ろしい結論に飛びつくのには慎重になるべきでしょう（特に人間については）。生物学で人間性を「読む」ことはできません。もちろんネズミについても同じですし，愛と戦争についての推論をする材料としても不十分でしょう。視床下部腹内側部に関連する攻撃的な行動はメスばかりではなく，ほかのオスにも向けられ，ある実験では膨らませた手袋さえも対象になったということです。視床下部の機能は長年知られているため，あまり見慣れていない人はこの実験結果に動揺するかもしれませんが，実は驚くに値しません。新しいことは，光遺伝学を使って何千もの細胞のうち，適切なまとまりだけをターゲットにできる能力であり，驚くべきことは，設備のそろった研究室でいとも簡単にそれが行えることです。必要なのは，適切なツールだけなのです。

ただし，言葉や工学ツールにとらわれるのは避けなければなりません。私たちが工学を考えるとき，まず構造を変えることを思い浮かべる傾向にあります。神経科学でも，構造の改変は脳に何かをしようとするときに正しい方法であることが(ときには)ありますが，常にそうとは限りません。脳は安定したシステムですが，有機体として，内側からも外側からも常に改変されているのです。哲学(デカルト)とSF(映画『マトリックス』)の両方でおなじみの空想は，「私たちは結局，『水槽に入った脳』であり，悪の力にだまされて，私たちが感じている世界のようなものに実際に生きていると思わされているのかもしれない」というものです。その「水槽に入った脳」というSFの概念は，脳の構造モデルを基本にしており，欲しいアウトプットを得たければ，直接脳を改変するしかないのです。これは明らかになかなか巧妙な策略です。特に水槽という環境をもつほどに進化していない脳の場合には。しかし議論をするために，「私たちは水槽のなかの脳ではない」と考えてみましょう。そうすると私たちは，まったく異なる方法で脳を改変することを考えなくてはなりません。

エピニューロミクス

脳科学者の多くは，脳を改変することを単純な構造工学の課題だと思っていますが，我々はこれに異を唱えます。自分たちの考えを明らかにするため，我々は新しい言葉をつくり出しました。「エピニューロミクス(epi-neuromics)」です。「-ome」は分子生物学で「全体性」を意味する接尾辞として使われるようになりました。たとえば人間の遺伝コードやゲノムの「全体性」などで，そこにはDNA/RNA配列のコーディングとノンコーディングの両方が含まれ，これらを研究するのがゲノミクスです。接頭辞の「epi-」は「域外の」または「外部の」という意味があります。したがって，エピジェネティクスとは遺伝コードそのものの変化により起こったのではない，形質のバリエーションを指します。今ではエピジェネティクスも同時に学ばなければ，極度に制限された目的以上に遺伝学を学ぶことはほぼ不可能だという認識があたりまえになっています。

ニューロミクスは，ある生命体のなかのニューロンの全体性の研究です。神経系は，神経系とは独立した影響との相互関係を説明することなしに完全には理解できないと認識されています。したがって我々が提示した用語「エピニューロミクス」は，ニューロンとその相互作用の研究を意味し，環境の影響も含まれます。エピニューロミクスは，脳はある一定範囲内であれば変えられるという事実をとらえたものです。現代の脳科学者にとって，これは明白なことに見えます。しかし，エピニューロミクスを支えるこの理解が，神経科学のさまざまな分野をまとめるテーマになるには，長い時間がかかりました。ある時期，脳は大部分が変化しないと考えられていました。しかし20世紀半ばになって，数えきれないくらい多くの研究により，脳の構造と機能は驚くほど微妙に変容することがわかったのです。負傷や学習，視力，痛み，人工器官，コンピューターとの相互作用，その他多くのテーマについての研究がそれらに含まれています。我々が気に入っている哲学者であり，現代神経科学の祖父ともいえるウィリアム・ジェームズは，「可塑性」という言葉を編み出しました。これは「神経系はある影響に屈してしまうほど弱いが，一度には屈しないほど強い」ように見えるという考え方です[2]。

神経可塑性はエピニューロミクスの原動力となっています。脳の成長は発達初期の生活――視覚的体験から栄養から学習環境まで――にとり返しのつかないほど変化させられます。カナリヤが新しい歌を歌うのは，新しいニューロンによるものです。ストレスを感じれば細胞は死に至ります。ネズミの一種ツパイの大人は，新しい皮質細胞を発達させます。抗うつ剤のプロザックと走るといった身体的活動は，どちらも海馬組織のニューロン形成に役立ちます。著者である我々はベビーブーマーなので，トレッドミルに乗る時間を増やすように奨励された世代です。走る能力が，我々の足の骨の形成に組み込まれているのは当然のことでしょう。私たちの近縁種である類人猿はこの能力には少し劣っていました。人間はほかの種の動物に比べればゆっくり動くほうですが，足の筋肉を発達させ，速く歩いたり走ったりできるようになりました。そして社会的接触と協力，団結が欠かせない狩りを一緒に行ったことが，進化した社会的な脳と走れる足だけでなく，万が一に備えて道具として使える手の発達に結実したのです。

走ることと，その他の激しい活動は，学習の増強に役立ちます。これは，海馬の一部位である歯状回に示され，ニューロンの長期増強を促進する神経栄養因子の発現の拡大に結びつきます。このニューロンの形成が，記憶の形成における結合力の形成と結びついています。組織の成長と再成長は，鳥の鳴き声のような機能には欠かせないものです。

私たちは，自分たちの脳が，冷静で理性的であればいいのにと考えることがあります。可能であれば旧式の電子計算機のようになれたらいいと。しかしそれは間違いです。感情は，一つの認知的機能をもっています。私たちの意志決定において，環境とのつながりを強化するのが感情なのです。ウィリアム・ジェームズが意識の流れと呼んだものの必要不可欠な部分です。感情なしに，世界のなかを前進していくことはできません。「感情が皮質と皮質下で，どの程度の度合いでつくられるのか」という長期にわたる議論があります。実際は両方なのだというジェームズの考え方に，我々は賛同します。アリストテレスからジョン・デューイまで，多くの哲学者が観察したように，感情は単なる感覚の叫びではなく，認知的機能をもつもので，私たちの考えと行動をまとめ上げているのです。

脳を改変する

ルイージ・ガルバーニとアレッサンドロ・ボルタによる研究の子孫ともいえる，電気をベースとした脳の治療法には，ニューロンが発火し，信号を伝え合う方法を改変しようという意図があります。「改変」という言葉は，電子工学から来たものです。脳の電気的信号を改変するさまざまな方法を語るときには，エピニューロミクスの背景となる考え方を肝に銘じておく必要があります。脳は電気的信号を発生しますが，単なる電気機器ではないということです。脳の電気的信号を検知し，解明し，改変することは可能ですが，究極的には，脳は環境と相互に作用するのです。したがって，実験は現実世界のイノベーションとはかなり違ったものになります。脳の画像化が,驚くほど高度に統制されたいくつかの実験を導いたように，研究室の人工的な環境の外で脳を改変することは，脳がコントロール不能な環境下で働く様子を計算に入れて行う必要があるのです。

では，一体そのような大がかりなシステムに投資する価値があるのかという基本的かつ現実的な考察が行われることになります。そのような技術に費用を拠出してまで，本当に実施する価値があるのか。もし新しいスキルを時代遅れな方法で学ぶのに40分かかったとして,その時間を半分にする能力はコスト効率がよいのだろうか。その資金を，労働者を訓練する組織として，究極的にもっと価値が見込めるようなことに使えないものだろうか，と。

フィードバック・システムと比較すると，いくつかの安価な形式の外部からの電気的刺激のほうが，より直接的に脳の機能を向上させるアプローチでしょう。もしそれらが安全でうまくいけばの話ですが。背外側前頭前皮質を標的にした経頭蓋磁気刺激（TMS）は，重度のうつ病患者に恩恵を与えてきました。これにより人々は，電磁場が治療目的だけでなく，認知的能力を向上させるためにも使えないだろうかと考え始めました。おそらくTMSによって，統計的および生理学的に「普通」の認知的機能をもつ人々を，より知的に高いレベルにすることはできるでしょう。少なくとも，ほんの短い間であれば。不安障害や不眠症，摂食障害の治療法として経頭蓋直流電気刺激(tDCS)も現在研究され，売り込まれています(おそらくはまだ時期尚早ですが)。そして，もし何らかの障害がある人を「普通」のレベルまでに引き上げることができるのであれば，機能的に問題のない人の能力も，さらによいものにできるでしょう。私たちの多くが経験する午後の倦怠感もすっきりと消え，数独のスコアが少しずつ向上していくかもしれません。

治療法としての可能性だけでなく，TMSが認知的機能を向上させるという証拠がいくつかあります。アメリカの国防高等研究計画局(DARPA)と，その「加速学習」の研究における発見もそのなかに含まれます[3]。ただし，tDCSは違います。tDCSは9ボルトの電池で作動し，TMSがつくり出すよりはるかに低い電流です。この少量の電流がどのように頭蓋骨を通り過ぎるか，はっきりとはわかっていません。しかも，望まれる結果を得るためにどのような条件が必要なのかも，多くの不確実な部分があります。たとえば，標的となる脳の領域に関して，どこに電極をとりつけるのが正しいのか，などです。しかしtDCSに必要な装置は質素なものです。TMSの装置は何千ドルもしますが，tDCSの装置は数百ドルか，それ以下で販売されています。監視さえ行われていれば短時間の処理は安全に思えます。しかし，短い呼吸まひを起こす可能性もあり，まだ測定できていない長期的変化を誘発する恐れもあります。

tDCSは，うつ病のような精神障害を治療するだけではありません。そのシンプルさのおかげで，認知的能力を格段に向上させる手段としては安価であると愛好者は主張します。趣味でtDCSを使っているブロガーは，自家製の装置や，うつ病用の市販されている装置を使った印象を，「能力が向上した」と表現しています。こうしたDIY愛好家は，器具や標的，パッドをつけたところのかゆみなどの軽い副作用について比較し，書き留めています。しかし数多く存在するtDCSの研究のなかには，さほど大きな能力の向上は見られず，また，ほかの分析でも，tDCSを使った直後の期間にIQスコアの軽度の低下が見られたとしています。したがって，安全かつ安価で，信頼できる外部からの神経の改変が，究極の日常的脳テクノロジーだとしても，まだその判定は下すことができないのです。

もう一つの非侵襲性の脳刺激の方法である超音波からは，脳の深部を刺激する方法よりも安全面で恩恵を得られるかもしれません。超音波とは，人間が音として聞くことができる周波数の上限を超えた音波です。物理的特性は普通の音と変わりなく，人間には聞こえないだけです。この上限は人によって違い，健康な若い成人で大体20キロヘルツ（2万ヘルツ）です。超音波機器は20キロヘルツから数ギガヘルツの範囲の周波数で作動します。製造業で金属の質を向上させるためや，音波探知機のように物体を検知するため，距離を測定するためなど，さまざまな用途に使われています。理学療法士は，音波を長年骨と組織の病気の治療に使用してきました。パルス化された超音波技術は，超音波エネルギーの短いバーストを，各バーストの反射信号を感知する電子機器と組み合わせたものです。返された信号から，画像が構築されます。

したがって，超音波は物質を狙って改変する目的と，物質から視覚的な再現を生み出すことが可能なフィードバックを得る目的の両方に使われます。あなたが赤ちゃんだったときの最初の写真は，お母さんの身体のなかにいる胎児としての超音波画像だったかもしれません。医用画像としての超音波信号処理の空間分解能は，TMSとtDCSの両方を超える可能性があります。また，光遺伝学のような技術についてまわる遺伝子改変の複雑さも回避します。では，超音波でも，認知的機能を向上させるような脳の改変を行えるのでしょうか。

DARPAとアメリカ陸軍に一部資金供給を受けているある研究室では，神経科学者たちが最終的にヘルメット式となる神経改変装置の開発を計画しています。しかし超音波が脳の組織を傷つける可能性があるため，安全性のさらなる研究を余儀なくされています。兵士が関与すると，リスクと利益のバランスは，その他の脆弱な人々のグループの場合とは異なってくるかもしれません。歴史上，新しい技術が軍事へ適用される際には，リスクの許容範囲の壁を押し下げてしまうことがよくあります。たとえば，敵の行動によって自分の軍が劣勢になりそうだと信じている指揮官は，それが効果があると信じ，よりよい代替策がない場合には，新しい薬物や装置を使うことを正当化する可能性があるのです。戦闘状態は，その特性により一定レベルの生存リスクを示すことが多く，それが非戦闘要員には適用できない方法でリスクと利益の計算を変えてしまうことが多くあります（脳と「ニューロセキュリティー」と我々が呼ぶものについては，第6章でより詳しく説明します）。

楽観的な科学者

TMS，tDCS，または超音波のような外部からの脳刺激の技術は，治療，そしておそらくは能力の向上にも広く使われるようになりました。しかし，電気や音波を使う装置には大きな制約があります。特定のタイプのニューロンのみを刺激して，その他のニューロンをそのままにしておくことができないようなのです。遺伝子はある細胞に特有のタンパク質をつくり出すことで，それをいつも成し遂げています。つまり，脳細胞が特定のタンパク質をつくり出すようにでき，それらのタンパク質が神経回路網を動き回るのを追跡できるような技術システムがあれば，神経科学者たちはそうしたシステムと行動を対応づけることができるでしょう。これは，長い間実験者たちが実現できなかったことです。もちろん，そのようなレベルの精緻さはうつ病の治療や，学習能力の向上には必要ないかもしれません。ですから，そのような目的ならTMSやtDCS，超音波でかまわないでしょう。しかし，特定のニューロンの機能とその経路を基礎的なレベルで研究者が学ぶのには役立ちません。また，その種の知識は，より多くの行動のコントロールを促進する可能性もあります。

あるバイオテクノロジーにより，科学的活動と倫理的議論の両方が活性化した事例があります。幹細胞がつくり出されたことです。幹細胞とは，胚から採られた，もしくは自然のものに似せて「成人の」細胞から作成された万能細胞です。理論的には，新種の細胞療法の一部として使用できる可能性があります。神経幹細胞は，海馬のような成人の脳の特定の組織で発見され，研究されてきました。そして，脳の主要な細胞型に変化させることができると判明したのです。その性質により，幹細胞は正常な細胞機能が欠如すると，その機能を補います。したがって，将来治療の一環として，あるいは能力を向上させる目的で，神経幹細胞を生体脳にとり込むことは妥当なことに思えます。治療の対象となる病気としては，多発性硬化症（MS），脊髄の損傷，そして徐々に悪化していく病気であるアルツハイマー病，ハンチントン病，パーキンソン病などが挙げられます。しかし，分化能力のある細胞を人々の身体に入れることには，リスクがあることもよく知られています。たとえば腫瘍の形成，間違った場所にそうした細胞が移動してしまう可能性，移植による拒絶反応，そのほかに通常の手術のリスクと感染症のリスクが存在します。

ですから光遺伝学には興奮させられるのです。この分野に最も関係が深いのは，スタンフォード大学で教鞭を執る医学者，カール・ダイセロスでしょう。光遺伝学は，通常は視神経で発見されるオプシンというタンパク質を使って，特定の神経系と部位をタグづけします。そうすることで，神経科学者がニューロンを観察することと，その発現を脳の特定の領域に影響させることの両方を可能にしたのです。光遺伝学は素晴らしくシンプルな考え方です。それでも，幅広い実験に役立つようになるには，何年もの月日がかかりました。まず実験動物たちのニューロンに，進化の過程で高度に保存された分子であり，すべての哺乳類の視覚に欠かせないタンパク質のオプシンをつくり出す遺伝子を挿入し，光に反応する性質をもたせます。その後，オプシンを脳内の光ファイバー光源によりオンにしたり，オフにしたりするのです。オプシンは可視化されるだけでなく，一つの神経経路に押し込んだり，ほかの神経経路に移動させたりすることが可能になります。

以前は一度に一つのニューロン，あるいは多くても数個しかその発火を観察できず，移動経路は大部分が謎でした。光遺伝学はそのすべてを変えたのです。実験者が神経系を調査しつつ，コントロールすることもでき，非常に素晴らしい結果を出すことが可能になりました。げっ歯類での興味深い実験では，満腹の個体を空腹にしたり，それまで恐怖を感じたことのない状況で恐怖反応を表出させたりできます。特定の行動――たとえば恐れ，不安，空腹，攻撃性など――が生み出されます。

懐疑論者は，ネズミのような実験動物が，本当に人間が体験することのモデルになるだろうかと疑うかもしれません。しかし光遺伝学の実験を映したフィルムを見ると，何か重要なことが起こっていることは否定できません。ある一連の実験では，特定の恐怖体験に関連する一セットのニューロンがオフにされ，再びオンにされると，ネズミの探索行動に明らかな変化が起きました。檻のなかの，恐ろしいできごとが起こった場所を避けたのです。しかし，これはほんの氷山の一角です。光遺伝学は，自然がつくり出したアプリが残した手がかりを利用して，人間がつくったさまざまな脳アプリを一体化できることを表しているのです。

光遺伝学により，科学者たちはニューロンの活動を非常に正確な方法で亢進させたり，低下させたりさせ，その活動が明確な反応と相関関係をもつように仕向けることができるようになりました。恐れの行動は，それが起こっていることが明確にわかるため,実験的な神経科学では好まれます。ネズミがどのように恐れを「体験」するのかという合理的な，しかし多くの場合あまり重要でない哲学的問題に踏み込む必要がないからです(ヴィトゲンシュタインは「具体的なケースにおいて，誰かの恐怖や痛みを，とにかく疑ってみよ」と書いたとき，この「他人の心」の問題を視野に入れていました)。ある特定の脳内化学物質がより多く存在しているときは，それを計測できるのです。したがって，たとえばストレス反応に結びついている神経ペプチドであるCRHがネズミの脳の扁桃体で増加した場合，慎重になったり，おびえたり，ほかのネズミとの接触を避けたりする傾向が増えます。側坐核のニューロンでは，CRHを操作して，食欲に関連する行動を発生させることができます。両方とも光遺伝学の，遺伝子と光の絶妙な組み合わせによって成し遂げられたのです。たとえば，扁桃体から分界条の床核までのCRHの経路を沈静化させると，長引いていた恐怖が中断します。したがって，光遺伝学によって扁桃体内のCRHを操作すれば，脅威に関連する行動を拡大したり，縮小したりできるのです。

逆境は，扁桃体と分界条床核のCRHニューロンで，GABAの神経伝達を促進します。逆境は恐れまたは脅威に関連するできごとへの反応であるCRHの発現を改変するためには重要です。20世紀に活躍したポーランド出身の神経学者カート・ゴールドスタインは「不安には目的がない」と述べましたが，恐怖には目的があるのです。マイケル・デイビスは，恐れと不安に重要な脳の領域を切り離すのに，この区別が必要不可欠だと考えました[4]。恐れは扁桃体により多く結びついており，不安は分界条床核に結びついています。外側扁桃体は，脅威に関連する行動反応に必要不可欠です。脅威に反応して，扁桃体の中心核と側坐核だけでなく，この部分にシナプスの変化が起こります。不安を感じている人物が過度に警戒した状態になると，それはシナプスの変化を反映していることになります。すなわち作業記憶の基礎となる外側前頭前皮質の変化，そして記憶の消去の基礎となる内側前頭前皮質の変化です。

前帯状皮質および前頭前皮質の前辺縁領域は，恐れや不安に関連する行動を打ち消すのに欠かせないかもしれません。心配する必要のない脅威に対する恐れの保存は，この領域の機能が低下しているときに起こる可能性があります。犬を使った反射の実験で有名なイワン・パブロフも皮質組織にそのような役割があると見ていました。そしてマリア・モーガンとアメリカの神経科学者ジョセフ・ルドゥーが，恐れと不安に関連するできごとの記憶を消去することが，重要な役割をもつ証拠を提示したのです[5]。恐れや不安に関連するできごとの消去に重要となる脳の領域には，前頭前皮質の前辺縁領域，過敏性と結びついている海馬，そして状況と結びついている扁桃体が含まれます。

問題となるのは，心的外傷後ストレス障害（PTSD）などの不安障害に弱いのはどういう人かということです。二人の人物が戦闘などの同じトラウマを誘発するできごとを経験したとして，一人は障害を発症し，一人は発症しないということがあります。弱いとはどういうことなのでしょう？　そして同じくらい重要なのは，改善するための要因は何かということです。我々は弱さについてよりも，改善するための要因についてよく知っています。そして海馬や扁桃体のような領域はそれぞれ異なる変化をするということもわかっています。海馬は体積が減少し，それに対して扁桃体は逆境下では拡大するのです。

マサチューセッツ工科大学で教鞭を執る化学工学者のチョン・クァンフンとその同僚たちは，扁桃体と海馬のネットワークが，現在感じている不安と，思い出されたネガティブな経験が強く結びつけられる方法で組まれると示唆しています[6]。研究者たちは，脳の手術を待つてんかんの患者から同意を得て，彼らの脳の電気的活動を2週間にわたり記録し，患者たちの気分も同様に記録しました。データ処理にコンピューターのアルゴリズムの力を借りたところ，恐れを仲介する扁桃体と，記憶を助ける海馬の間に起こる相互作用は，ほとんどの患者の場合，落ち込んだ気分と強く関連していることがわかったのです。

これらのすべては，研究室での興味深い実験を可能にするために行われているのではありません。もし不安の経路と，関連する化学物質についてより深く理解が得られれば，病気で身動きがとれず，現在の治療で効果の出ていない人々に対する新たな治療へとつながるのです。一つの選択肢としては，脳に何らかの刺激を与え，回路を遮断することが挙げられるでしょう。

医者がデザインした薬剤

デザイナードラッグ（現存する薬物の分子構造を組み変えた化学物質）について考えるとき，私たちの多くはMDMA（エクスタシーとして知られる，快楽を得るための麻薬）の新しいバージョンを思い浮かべると思います。神経科学者も脳細胞の内部活動を研究するために薬剤をデザインしています。デザイナードラッグでのみ活性化できるデザイナー受容体（DREADD）として知られる実験技術は，光遺伝学で遺伝子と光を加える代わりに，遺伝子と化学物質を使って，ニューロンの表面に受容体と呼ばれる場所を設計します。DREADDは細胞内にあるGタンパク質と呼ばれる一つの分子スイッチと組にされる，一つの受容体の上で作用します。これらは細胞内の信号システムを理解し，操作するためのツールです。

恐れに光遺伝学を使用したケースと同じように，食欲もまた将来の治療のターゲットとして浮上しています。なぜなら，現在の治療では，患者に対する効果がほんの少ししか得られていないからです。信号システムを理解する試みにより，いつかそれを変えられるかもしれません。また，この研究の一部は食物摂取を調整する細胞内の信号システムについてであり，したがって肥満や摂食障害の本質を理解する鍵となる可能性があるのです。たとえば，大麻から抽出されるカンナビノイドと呼ばれる化合物は，恐れやその他の反応だけでなく，食欲に関連する受容体部位を標的として使用されます。これにより，動物はものを速く食べるようになります。興味深いことに，内因性カンナビノイドは，さまざまな領域にある高速信号システムなのです。

脳の活動を改変する新しいアイデアは，どんどん生まれてきています。その多くが非常に巧妙なものです。たとえば，熱に弱いカルシウム遺伝子をネズミの中脳にとり入れるため，科学者たちはあるウイルスを使いました。数週間後，磁気を帯びた極小の粒子を同じ部分に注入し，ネズミを外部磁場にさらしたのです。すると，ニューロンが回路を通り抜ける活動をたどることが可能になりました。光遺伝学では光を使いますが，この技術は磁石と熱を組み合わせ，脳の深部を刺激する一つの方法をつくり出したのです。光遺伝学は主に脳細胞のネットワークを調べるのに向いていますが，DREADDは脳細胞の内部機能を操作する受容体を調べるのに向いています。

CLARITY法と呼ばれるもう一つの技術は，科学者が巨大な組織のつながりを研究するのに役立っています。CLARITY法は脳の表面にある脂肪をとり去り，組織をそのまま染めずに調査できるようにします。光遺伝学と同様に光を使用して分子を検査しますが，主に神経細胞のつながりに焦点をあて，脳全体のあらゆる連携を可視化する手助けをします。EEG, TMSのような神経装飾物質，そして光遺伝学やDREADD，CLARITY法のような新しい技術はすべて，現代神経科学の主戦力であり，膨大な量のデータを壮大なスケールで生み出しています。これらを組み合わせることで，神経科学者たちは世界中の研究室で脳のデータファクトリーをつくり上げています。

橋渡し医療

発明とイノベーションは別物です。50年前には，上空を空飛ぶ車が埋め尽くすことをたやすく想像できました。その技術は実際に存在していたからです。しかし現実に生産し，輸送システムとして効率的かつ安全に運営し，収益化して大量生産することとは別物でした。医師や科学者たちが「橋渡し医療研究」について語るとき，彼らが意味するのはその課題のことです。tDCSを除いて，この章で紹介した独創的な技術のどれもが，比較的幅広く使用できるほど成熟しているかどうかまだ不透明です。そして直接行う電流刺激さえ，実際に効果があるのかという解決しない問題に直面しているのです。

ユーザーに本当の価値を与えるという視点から，実験から一般的な利用へ移す技術のリストの最初に脳深部刺激療法（DBS）が挙がるという，望ましいケースがつくられようとしています。頭部に電極アレイを移植する医療機器の販売には，一つの先例があります。1980年代初期，特定の種類の難聴をもつ患者のためにアメリカ食品医薬品局に認可された人工内耳です。

しかし，DBSには人工内耳やペースメーカー，インスリンポンプなど，その他の埋め込みデバイスとは異なる懸念があります。DBSは移植された人の人格を変えてしまう可能性があり，その方法もあまり解明されていません。性欲亢進症など，危険をともなう衝動的なふるまいに発展することも，可能性としてありえます。脳を改変するためのどのような装置や薬品も，インフォームドコンセントに関する厄介で哲学的な問題を引き起こしますが，これは臨床的には意義のあることなのです。たとえば，手術の提供を受ける人はそもそも脳の改変に同意した本人なのでしょうか(もちろん，認知症などの神経変性疾患でも同じ問題がもち上がりますが，ここでは人格を変えてしまう可能性をもつ，意図的な介入について話しています)。

こうした応用技術にともない次第に明確になってきた一つの倫理的な課題は，倫理を「デザイン・イン(開発の段階から参画して連携開発していく)」する必要性です。たとえば，神経移植に頼っている人々が，一体どこまでがインプラントの効果で，どこからが「本当の自分」なのかという疑念をもち始めるリスクがあります。これはプロザックのような薬剤を使用した人の何人かが報告したことと似ています。こうした懸念自体が新たな心理的問題を引き起こす可能性があるだけでなく，こうしたデバイスの使用に抵抗するユーザーが出てくることも考えられます。神経工学者と脳神経倫理学者が協働し，医療の一環を担い始めたこうしたデバイスに対する患者の反応をよりよく理解することが必要でしょう。

そして，発明からイノベーションへと進むにあたり，現実的な問題があります。実験を行う民間企業によっては，実験後，参加者に移植したデバイスを外してもらうことに同意してもらう必要がありますが，すると症状が元に戻ってしまいます。もし研究者が実験後もデバイスを保持することを許可しても，最終的にそのデバイスが作動しなくなる可能性もあります。もし患者が保持しているデバイスが古くなったり，移植された電極の近くに避けられない瘢痕《はんこん》組織が形成されたりすれば，新しい部品が必要になるでしょう。しかし代替部品を見つけるのは困難かもしれません。特に，製造業者がすでに撤退しているような場合は。そして，もしデバイスから得たデータが，よりよいデバイスをより多くつくるための研究に役立つとしても，企業にそれを共有する義務がない場合（たとえば，現在のDBS技術はすでに10年が経過しています），誰がその情報をもち，そこから利益を得るかという問題に直面します。

これは目新しい話ではありません。トーマス・エジソンは，電球を発明することと，電球が幅広く使われることは別物と理解していました。とはいえ，脳テクノロジーは，それを欲し必要としている人の元に届かなければ，本当の意味でイノベーションと呼ぶことはできないでしょう。

6

セキュリティーと脳

19世紀前半，モルヒネは植物（ケシ）から分離された最初の麻薬として，ドイツのメルク社によって販売されました。またたく間に兵士の間で人気となり，モルヒネの中毒症は「軍隊病」という名で知られるようになりました。ある統計では，南北戦争後，40万のアメリカ人が依存症になっていたとされています。モルヒネはアヘンよりも強いため，軍隊だけでなく民間においても，痛みをともなう症状の治療のみに適用することが求められました。ところが第二次世界大戦中，戦場においては，ひどいけがを負った兵士が「あまり痛みを感じなかった」と報告し，「同じけがでも普通の状況であれば，ひとたまりもない苦痛であっただろう」と数人の麻酔専門医が書き残しています。どうやら，戦場でのけがには特殊な何かがあったようで，身体的には同じけがだったにも関わらず，ほかの状況とは異なって感じられたようです。この経験は1950年代になって，プラシーボ効果への大きな関心につながりました。

痛みに対処するためには，脳自体がつくり出す麻薬のような化学物質よりも，モルヒネやその他の人工的に投与される麻薬のほうが，もし適切に使われるのであれば，大きな役割を果たします。問題はそれらが「乱用」される場合です。なぜ「 」に入れたかというと，乱用されるものは常に問題で同語反復だからです。それにつきものの「何事にも中庸《ちゅうよう》が肝心」というアドバイスも，大したものではありません。おなじみの忠告は，定義的な問題を先延ばしにするだけなのです。何をどこまで「乱用」とするかの判断は多くの場合，ケース・バイ・ケースです。たとえば，戦争でのドラッグの使われ方を考えてみましょう。ポーランドのヤギウェオ大学で教鞭を執るルカシュ・カミエンスキは，人類の争いのなかでのドラッグの使用に関する見事な調査において，人々が争い，お互いを殺そうとする前と最中と後における麻薬使用の普遍性と長い歴史を記述しました[1]。普通の生活と比較したときの戦時状況の不気味さと恐怖は，兵士として生計を立てている人々にとっても，それ相応に意識を改変してしまいたくなる欲求に必然的に導くものなのです。「酒の力を借りる」という，アルコールを表現するのに使われる言葉を考えてみてください。

しかし，リストに載っているのは酒だけではありません。ざっと振り返っても，アヘンはホメロスの戦士たちや16世紀のトルコ軍，19世紀の中国軍ほか，多くの兵士に使用されています。そしてインカの軍隊や19世紀インド軍の兵士はコカを，エジプトに進出したナポレオン軍の兵士はハシシを，パナマ運河地帯でのアメリカ軍の兵士はマリファナを，第二次世界大戦中のイギリス軍とドイツ軍の兵士やベトナム戦争でのアメリカ軍兵士はアンフェタミンを，冷戦時代にはアメリカ，イギリス，チェコ軍の兵士がLSDを，アジアやアフリカの少年兵がアラビアチャノキという植物から採取されるチャットを使用するなど，枚挙にいとまがありません。ときにはドラッグが軍によって支給され，ときには兵士が自分たちで入手しました。カミエンスキによれば，軍事文化としてドラッグの使用を積極的に推進している軍もあれば，比較的禁欲主義的な態度をとっている軍もあるということです。後者には現代のアメリカ合衆国も含まれます。しかしそうした態度も，前線の兵士が異様で衝撃的な戦闘状態に対処するために自らの意識を変える道を探ることは止められません。しばしば長期にわたって苦しむ結果が待っているにもかかわらずです。

痛みを和らげて戦闘への活力を得るため，そしてその後長期にわたることがあまりにも多い心理的･肉体的なダメージに対処するまで，化学物質と戦闘は切っても切り離せません。また，国家が戦争においてそれよりも格段に形式的な方法で脳を操る場合もあり，この話題は「ニューロセキュリティー」と呼ばれることがあります。常に敵よりも優位にあることを重んじる軍の司令官にとって，ある意味これは最も古典的な課題です。人間の心は非常に強くもあり，弱くもあるのです。

カミエンスキの挙げた麻薬のリストには，その動機が強盗であれ，集団の団結によるものであれ，地政学によるものであれ，意図的な暴力に備え，対処し，立ち向かうために脳が自然につくり出す化学物質は含まれていません。同様に，人間の行動の研究が兵士の心を形づくるための情報となり，助けになるような方法も含まれていません。ドラッグや装置以外に，心理学もニューロセキュリティーに重要な貢献をするという考え方が長い間存在していますが，これを実践するのは驚くほど難しいものになっています。

闘う男のための心理学

『闘う男のための心理学』は，1943年に世界中の一般書店，または軍の書店で25セント程度で売られていた本の題名です。内容は士気，視覚と感覚，兵士と仕事とのマッチング，人種の違いについてなどでした。この本の高い人気は，心理学者たちが第一次世界大戦中に新しい職業として強引に参入して以来，いかに心理学が浸透したかを示しています。その頃（心理学が参入した第一次世界大戦ごろ）アメリカ軍とイギリス軍は，人々を特定の仕事に配置するため，革新的ながら論争の種となった「知能指数」

すなわちIQを使いました。

その約25年後には，どのスキルが天性のもので，どのスキルを訓練すれば新しい軍人を育てられるかを決定するのに，「アメリカ陸軍一般分類検査」がより大きな役割を果たします。しかし戦闘スキル，特に強さや持久力といった肉体的な性質に関する潜在能力が測定されていないという苦情がありました。空軍は独自の「航空心理学プログラム」を設定して，航空機を操縦するのに必要な知覚試験に重点を置き，また，統計学を採用して数百にも及ぶ個別の能力を査定しました。それに対して，CIAの前身である戦略諜報局は，性格判断プログラムを発展させ，諜報活動を行う新人候補生に状況検査を行わせました。候補生は，困難でストレスのたまるさまざまな状況に対し，即興で対応しなければならないのです。ついに戦争が終わりに近づくと，何千人もの心理学者が参加して戦略爆撃調査団がつくられます。そこではドイツの都市に対する戦略爆撃により，民間人の士気にどのような効果をもたらしたかを判定しました。彼らの出した結論は「戦争の終末期においてはドイツの人々が自らの士気が失われたことに気づいたが，それ以外は大した打撃ではなかった」というものでした。

第二次世界大戦後，以前はほぼ動物実験ばかりしていた心理学者たちは，テーマとして人間をより多く扱う研究に取り組み始めます。軍事訓練について行ったのと同様，人々に新しいタスクを訓練させる際の課題について研究を続け，また感覚と知覚について調べました。その研究は簡単に兵器の設計へと姿を変え，その結果心理学者たちは物理学者と共通した見地に立っていることを発見したのです。1950年代には，「人間・機械系」や「人間工学」といった概念が辞書に載るまでになりました。

行動を設計するというこれらの概念のいくつかは，最終的にアメリカの心理学者バラス・フレデリック・スキナーの徹底的行動主義へと進路をそらしましたが，多くの実験主義者は人間が使用するための機械を設計する方法に注目しました。この伝統は神経科学者たちがブレイン・マシン・インターフェースやブレイン・コンピューター・インターフェースに取り組む現在にも受け継がれています。ただし，現在マシンと呼ばれるものは多くの場合コンピューターや，レンジファインダーや，ダッシュボードに変わっています。しかしこの概念も，1970年代には脱線しかけました。DARPAの職員の一部が超心理学，特にサイコキネシス（念力）に対して大真面目に関心を寄せたのです。当時，スタンフォード研究所（現在のSRIインターナショナルの前身）の科学者たちは，イスラエル人の霊能者ユリ・ゲラーが彼の思念だけを使って人の思考を読み，スプーンを曲げ，フィルムを消去し，コンパスの針を動かしていると信じ込まされていました。最終的に，DARPAはそれ以来超心理学には出資しなくなりましたが，アメリカ軍は1980年代に出資を行いました。

人の思考を読むマインド・リーディングのまた別の種類であるバイオサイバネティクスは，サイコキネシスよりも生産的であることが証明されました。起源は1970年代初期に遡りますが，今でもおなじみのものです。コンピューターと脳の相互作用は信号に基づいており，EEGを介して，センサーによって記録されるという考え方です。この分野の進歩はゆるやかですが，有望とされています。EEGキャップは今では確立された技術です。頭蓋骨を通した信号を増幅することは大きな技術的課題ですが，知覚を向上させるのに十分な情報を得られることが明らかになっています。一つの例として挙げられるのがP300波で，意味をもつ視覚的刺激が存在すると，ほぼ瞬時に引き起こされます。たとえばなじみのある場所の写真などを見ると，被験者がそれに気づかないうちにすぐこの脳波が惹起されるのです。

神経生物学の理論とツールは，忙しいときと暇なときがあるセキュリティー担当者の認知的能力を向上させるために使用できる可能性があります。コンピューターのモニターを何時間もずっと見つめ続けているオペレーターは，その一例です。彼らの仕事には多くの場合，ドローンやその他のセンサーから送信されてくる，重要な可能性を秘めた手がかりを判別する作業が含まれています。あるDARPAのシステムでは，オペレーターにEEGキャップを装着させ，めまぐるしいビデオを見せる訓練をします。その人の脳が，認識と関連するP300波をはっきりと発した場合，意識的にそれを記録するためです。DARPAの研究では，これによりあるオペレーターの「脅威検出」の能力が明らかに向上したことが示されました。厄介なのは，非常に多くの場合，一つの感覚を向上させるとほかの感覚が鈍ることです。たとえば，作業記憶を向上させるある薬剤が，無関係な刺激を除去する能力を抑制するといった可能性があるのです。

EEGとビデオシステムを組み合わせることは，すばやく簡単に起こり気づきにくい一体化と呼ばれる現象の例といえます。新たな技術を一体化させるとはぎこちない表現ですが，いくつかの技術を組み合わせることが可能になったため，かつては解決困難とされていた問題に対処するために，ますます頻繁に行われるようになった現象を説明しています。神経生物学の例では血液脳関門の問題が挙げられるでしょう。血液脳関門は私たちを病原体から守ってくれますが，膜組織の高度選択的なゲート機構により，いくつかの薬剤が通過しにくくなるという問題があります。多様でそれぞれ異なるシステムが関与しているため，血液脳関門は物体というよりも理論的な構成概念だという人もいるでしょう。どちらにせよ，実際に薬剤の送達が困難なのは確かで，ナノバイオロジーの技術者たちが，巧妙に設計された極小の機械を生産することによって，この問題を回避できる可能性があるのです。小型化された移植可能なデバイスにより，薬剤が血液脳関門のさまざまな構成要素を迂回することができるかもしれません。たとえば，ホルモンであるオキシトシンは，鼻腔を通して多量に吸収されると，標的である脳中枢に届くようです。ものを運ぶナノロボットをさらに効果的に使用できれば，取り調べなどの手続きにも役立つかもしれません。

このような考えはSFを超えるものです。しかし，自白剤を放出するナノロボットは，米国学術研究会議がレポートにまとめた一体化脳テクノロジーのうちの一つにすぎません[2]。そのレポートの費用は，控えめながら長期間にわたり神経科学の応用に関心を寄せている国家情報団体が負担しています。この関心はナノテクノロジーとバイオテクノロジーの一体化がもたらす新しい可能性に対してだけではありません。より現実的な選択肢，たとえば神経画像検査の装置を使って就職志願者の反応を評価したり，彼らを訓練において向上させたりすることにも向けられています。これは現在さまざまな職業で行われている原始的な技能試験の進歩版といえるかもしれません。というのは，現状の試験は，疲労や退屈さ，夫婦げんかに気をとられるなどの要因により妨害される可能性があるからです。故意のストレッサーをランダムにかける方法を採用して実際の実務経験をとらえ，その後志願者の脳がどのようにストレスを処理し対処しているかを見ればいいかもしれません。

このような研究は，脳が型どおりのスキルをどのように処理するかについての理解を助けてくれるだけではなく，創造的問題解決の能力を表す流動性知能と呼ばれるものをより深く学ぶためにも適用できる可能性があります。流動性知能は，効果的なリーダーシップを発揮するには不可欠な特質です。意思決定に関する研究では，行動の適切·不適切を選択することに貢献する信念の処理を，いくつかの分散された脳のシステムが担っていると示唆されています。こうした脳のシステムは，意思決定を最適化するための訓練の期間中に監視でき，潜在的には調節することも可能です。

意思決定者それぞれの特性を調べるツールのなかには，歴史の長いものがあります。たとえば性格検査と感情反応性検査です。そして，遺伝学での将来性のある新しいアプローチ，神経ホルモンの活性化，そして脳探知機といった方法もあります。実際のところ，このうち後半の三つの技術は，現在の面倒な検査方法を陳腐化させる可能性があります。たとえば，特殊作戦を行う人員が，訓練中，予期しない状況下で行われるさまざまな意思決定の状況検査に秀でていたとすれば，並外れて流動性のある知能を身につけているとするのが妥当だといえるでしょう。映画『スター・トレック2 カーンの逆襲』のオープニングシーンでは，宇宙艦隊の士官候補生，ジェームズ・T・カークが，コバヤシマル・シナリオという勝ち目のない訓練テストに参加させられます。カークは密かに訓練シミュレーターをプログラミングし直すことでこのテストに合格しました。いい換えれば，彼はゲームのルールを変えたのです。もし宇宙艦隊アカデミーの23世紀の神経科学者たちが呼ばれ，まだ若いカークの流動性知能を調査できさえすれば，このテスト自体が必要なかったかもしれません。

戦争ごっこで裏をかくことの前に，兵士にとっては日常的な心配がたくさん存在します。たとえば睡眠不足や疲労などです。こうしたものは，味方部隊を攻撃するなど，悲惨なほど多い戦闘事故の原因として広く認められています。歴史的にいって，兵士が2，3時間以上の睡眠をとれないときは，栄養に依存することが多くなります。特に炭水化物とカフェインです（同じ生理学的原理で，睡眠不足の旅行者は普段より多く食べるようになります）。炭水化物とカフェインを合わせたアメリカ軍の好物である戦闘糧食にはカフェインを加えたチューイングガムが入っています。薬剤を使うという選択肢もあります。たとえば，植物から採取される植物化学物質は栄養価も高く，抗酸化物質や抗炎症剤のように作用するため，脳の健康を促進します。また，アデノシンやアンモニア，ドーパミンのような脳内物質が疲れを軽減してくれるのはいうまでもありません。

社会神経科学

神経科学の「柔らかい」側面，つまり心理学やそれに結びついている社会科学の分野には，さらに暗い記録があります。長い間追求されてきた目標の一つは，次々と明らかになる惨事の予想を政府に提供することで，これには膨大なデータの収集が必要です。1964年，多くの人々が「ビッグデータ」について知るはるかに前であり，アメリカの主要な国家安全保障の問題がまだラテンアメリカやアフリカ，そしてアジアの反乱運動だった頃，アメリカ軍の社会科学者たちの一グループが「プロジェクト・キャメロット」を開始しました。歴史家であるジョイ・ロードによれば，その目的は，社会改革を未然に防ぎ内乱を鎮圧すべく，アメリカが活動する可能性を計算に入れる必要がある，ボリビアやコロンビアといった国の社会心理学的な動態を明らかにすることでした[3]。プロジェクト・キャメロットは単なる社会科学者たちのシンクタンク以上のもので，計画の目玉は革命の予測についてコンピューター処理することを可能にする変数を集めることでした。しかし1965年，チリ政府がアメリカに「チリ人のプロジェクト・キャメロットの相談役が，アメリカ国防総省とのコネクションを明らかにしないまま，国内の社会科学者との承認されていない会談を行った」と不服を申し立てたのち，アメリカ国防総省はこのプロジェクトを中止しました。これはおそらく社会科学が帝国主義者の侵略と呼ばれた初めてのケースでしょう。

1967年には，DARPAの前身である高等研究計画局（ARPA）が，「世界事象／相互作用調査」に出資しました。この調査の目的は，世界の状況についての情報をすばやく処理し，政策立案者に予測を提供することでした。約40年後，「全情報認知」と呼ばれる類似のプロジェクトが，同様に政治的なトラブルに直面します。このプロジェクトはテロリスト計画を見つけ出すことを目標としたものでした。しかし，コンピューター・シミュレーションを行うにはEメールや個人的なコミュニケーションなど，インターネット上のほぼすべてといえる情報を収集する必要があり，それは一般市民にとってプライバシーへの侵害に見えるものでした。

安全保障計画を立てる人々が予測システムを好む理由は，容易に理解できます。しかしこうした試みは，以下の二点において座礁しました。一点はある事件について「生の」情報を入力する方法（なぜなら，何かの価値判断の影響をまったく受けない情報は存在しないため），もう一点はそのデータをすぐに予測として実施可能なものに転換する方法です。中東に関する大勢の専門家が「イスラム国」の出現を予測することに失敗しました。最近のローテクなテロ攻撃に対しても同様です。かつてのソ連の政治問題研究者は，街頭で起こった抗議運動がベルリンの壁の崩壊を招き，最終的にはソ連帝国の解体につながることを見通すことはできませんでした。親アラブ派たちは「アラブの春」を予測できませんでしたし，国際監視団は第一次世界大戦の勃発を予想してはいませんでした。人間の知能とメタデータのほとんどは，このようなスケールの地政学的なできごとを予測するには不十分なようです。何十年にもわたる洗練された政治学やゲーム理論の歴史がありながら，私たちは大きな歴史的転換期を予測するのが下手だというのが真実なのでしょう。

こうした地政学的な大問題よりも調査に影響を受けやすいのが，脳がソーシャルネットワークに影響される方法です。過去25年ほどで，基礎的な生物科学は，脳と行動に関して説得力のある基礎知識を提供する新しいツールを獲得してきました。そして，そうした基礎知識は，社会科学の調査と組み合わせることが可能なのです。たとえば，ハーバード大学で教鞭を執るニコラス·A·クリスタキスのような神経科学者は，その著書で「ソーシャルネットワークにおける『近さ』は，肥満の兆候である」[4]と述べています。ペンシルベニア大学で教鞭を執る心理学者のエミリー・フォークは，「人と人をつなぐような人物の脳は，ネットワークの範囲がより狭い人物とは違う活動をしている」[5]と書いています。ソーシャルネットワークを通じた情報の交換は，脳活動と社会活動とをつなぐのです。

遺伝学は，また違うレベルの分析となります。新しいテクノロジーによって脳の配線図が描かれ，おそらく8000にのぼる遺伝子がいかに神経系を生成し調整しているかが調査されています。研究室で脳画像技術やコンピューターや洗練されたアルゴリズムを使って，多様な刺激条件のもとで脳を分析する方法は今やたくさん存在します。こうした基礎的な生物学の研究は，たとえば異なる文化における表情の解釈の仕方と，その解釈の脳活動への反映のされ方を観察することなどにより，社会心理学にリンクされます。ある国際的な研究チームは，日本人のグループとアメリカ人のグループでは，恐れを示す顔のイメージに対する神経学的反応が著しく異なることを発見しました。この違いは，扁桃体で示されています[6]。共感についても同様の研究が行われており，同じ人種の人々のなかにいる場合と，ほかの人種の人々のなかにいる場合とを比較しています。被験者と同じ人種と思われる苦しむ人々の写真を見せると，複雑な考えに重要な役割を果たすと見られる内側前頭前皮質の活動が，共感の自己報告と関連するのです。

これらの反応が，少なくとも部分的には，それぞれの人種を特徴づける代々受け継がれた遺伝子グループに仲介されるものかどうかについても研究が進められています。しかし，こうした内集団と外集団に関する偏見は，単純に私たちの遺伝子に組み込まれているものではありません。これらは環境と遺伝の発達的相互作用の結果でもあり，エピジェネティクスという分野で研究されています。したがって，こうした態度も，学習し変えることができるのです。マサチューセッツ工科大学の研究者たちは，もし話しかけ，また話を聞いてもらう機会があれば，力が弱いと感じるグループが支配的と感じるグループに対する態度を変えることも可能だ（たとえば，パレスチナ人がイスラエル人に対して）という証拠を突き止めました。ただし，この効果がどのくらい長く持続するかはわかっていません。

最終的に，このような知識は研究室の外で適用しなければなりません。したがって，こうしたデータを，人々が実際どのように世界を理解しているかに関連づけることが重要です。その目的で，あるアメリカ国防総省の大がかりなプロジェクトは，物語がどのように政治的な急進化に影響し，集団が物語に動かされるかについて学ぶことを目標としています。私たちが自分たちの目的や居場所について語る物語は，ある論理に従っており，人々がどのように道徳的判断を下すかを説明するのです。テロリストの頭のなかでも，同じプロセスが起こっています。

個人のレベルにおいては，神経生物学は私たちに何かを教えることが可能なようです。ウラジーミル･プーチンが重要な交渉の前に「信用ホルモン」であるオキシトシンの生産を増やすマッサージを受けていたのを知ることは肝心かもしれません。しかし，プーチンのマッサージからテロリストの攻撃を予測するのは極端すぎますし，ましてや歴史上の地政学的なできごとはなおさらです。もし達成できたにせよ，そのような種類の知識は独特の有害な見込みをもたらすだけでしょう。あからさまに弾圧的な政権は，将来モラル的に正当な反乱に結びつく可能性のある社会的進歩を予測し，抑圧します。しかし，基礎的な生物学と社会科学を統合したどんな未来予測システムも，大きな誤差の範囲を含んだ予測モデルしか生み出せません。未来の歴史の法則を探し求めている人は，SF作家アイザック･アシモフの作品を読むといいでしょう。このアイデアはSFの世界には残り続けると思います。

つくり話ではないのは，各国政府が科学を利用して，達成可能な戦略的優位性を追求し続けるということです。そして，神経生物学の進歩は，彼らにとって無視できない魅力的なチャンスなのです。残念ながらすでに何度か失敗していることから，どんなに温和な政府でも，「専門家」と評される人々が提供する予測を拡大解釈することはできないでしょう。特に，彼らが自分たちの予想に空想科学という衣装を着せた場合には。そこまで賞賛に値しない国家は，敵対国の最初の一撃を防ぐ口実として利用するかもしれません。どんな新しい技術も「コリングリッジのジレンマ」に陥る可能性があるのです。技術が進歩し広まるまでは，その技術をコントロールすることはできないということです。そして，そのときにはすでに手遅れかもしれません。

第三のオフセット（相殺）戦略

「プロジェクト・キャメロット」や「全情報認知」のようなプログラムが直面した問題は，政治的なものだけではありませんでした。もっと基本的なことで，彼らが政治的な抵抗にあったのは，倫理的問題があったからなのです。「第三のオフセット戦略（自身の優位を発展させて敵の優位を相殺する戦略）」と呼ばれるアメリカの新しい戦略ドクトリンもまた，神経科学者たちに重要な倫理的問題を突きつけています。神経科学と国の安全保障に関連するこの倫理的問題は，2002年に開かれたダナ財団の画期的な脳神経倫理学の会議，「マッピング・ザ・フィールド」では討議されませんでした。しかしこの会議からたった一年後，科学雑誌*Nature*が「神経工学者の沈黙」と題する毅然とした論説を発表したのです[7]。編集者たちは，アメリカ国防総省が出資している研究者が，ブレイン・マシン・インターフェースのような技術を使う潜在的な可能性についての質問に答えず，検討すらしていないと非難しました。アメリカ国防高等研究計画局の主任研究員は憤慨した手紙で，「*Nature*誌の編集者は偏見に満ちた態度をとっており，DARPAが資金供給した神経科学によって最終的に得られる医学の進歩を考慮に入れていない」と述べました。以来，軍事および諜報活動への現代的脳テクノロジーの適用の可能性が，穏当な研究者らを刺激してきました。とはいえ，この分野は国家安全保障環境への注目がまだ不十分です。

ニューロセキュリティーに注力するための議論は多く存在し，さまざまな国家安全保障機関から神経科学のプロジェクトに対して数千万ドルといった多額の資金を供給することも，そこに含まれています。進展を見守っている人々の間では，このなかでDARPAが最も注目を集めていますが，情報高等研究開発活動（IARPA）や海軍研究事務所（ONR）は，双方とも神経の電磁気刺激と計算論的神経科学などの分野で充実したプログラムを実施しています。さらに，*Nature*誌の論説に関するやりとりに影響を及ぼした軍民両用についての議論は，政府による神経科学への資金提供の背景にある機運を指し示しています。「軍用化された」科学に心配の声を上げる者すら，たとえば深刻なほど能力が失われた人々のために新しい人工装具が生み出されそうなときや，認知症や心的外傷の新しい治療法がどうしても必要とされているときには道徳的に後押しするという，ぎこちない立場になります。アメリカの「ブレイン・イニシアチブ」にも同様のケースが存在し，そのなかでDARPAは重要な役割を果たしています。

たとえば，情報収集者とは，さまざまな情報源からデータを得て，情報アナリストへ手渡す人々のことを指します。生データの検出と解釈を改良できるとすれば，情報収集者は非常に興味をもつでしょう。アメリカ国防総省は，情報アナリストが潜在的な脅威に対してより意識的に注意を払いやすくなるよう，EEG信号を使った実験を行っています。これにはカメラや無人偵察機からの視覚情報が使用されます。情報アナリストたちは，何らかの環境の変化に対する反応，たとえば視覚，聴覚，または触覚などの信号を通して，こうした視覚的なきっかけをよりよく見抜くことを学ぶ必要があります。この考え方の起源は1970年代のバイオフィードバックの概念に遡ります。

現代的なテクノロジーは，多くが冷戦時代に大幅に改良されました。しかしニューロセキュリティーは，防衛計画を立てる者にとって特に新しい懸案事項ではありません。古代より，司令官は敵よりも心理的に優位に立つべく努力してきました。その手法には，プロパガンダから麻薬までが使用されてきました。二つの大戦では，知能テストや性格検査などが導入されました。冷戦時代の諜報部員や軍当局者たちは，LSD-25と呼ばれる新しい化合物を「自白剤」として使用するか，兵士の士気をそぐ目的で使用するか悩んだものです。こうした懸念は，今となってはおかしなものに思えますが，さらに奇妙だったのは，遠隔透視やテレキネシスなどの超感覚的知覚をまじめに追求したことでしょう。

第二次世界大戦におけるアメリカの戦闘能力から学ぶべき重要なことは，この戦争におけるアメリカの工業生産量はほかの参加国よりも多かったものの，軍需物資の質については当時のナチス・ドイツと大日本帝国より後れをとっていたということです。したがって，トルーマン政権以降のアメリカ政策の一貫した前提として，すべての実際の敵国と潜在的な敵国に対し，技術において優位性を得ることに焦点をあててきました。この姿勢は実質上保証され，利益をもたらす可能性があれば怪しい「技術」までが考慮されるようになったのです。これは，国が第二次世界大戦後の国家安全保障体制に変わってしまったことにも関係します。必然的にすべてのセクターがアメリカの国家防衛に一役買わなくてはならず，すべての社会的な目的と資源はアメリカの国家安全保障の目標に従わなくてはならないのです。

技術面での優位性を保持する重要性を評価することは，防衛計画の担当者たちの間では「オフセット戦略」の特徴とされてきました。こうした戦略家たちにとって，核兵器は通常兵器で著しく数的優位に立っているソビエトに対する第一のオフセット戦略を代表するものでした。アメリカ側ソビエト側双方において圧倒的な核兵器の数を保有する政策は相互確証破壊と呼ばれ，その性質によって，この戦略は冷戦時代に力の均衡を可能にしました。そして，双方の陣営がおおむね成功した核不拡散体制の下に置かれたのです。第二のオフセット戦略には，レーザーに誘導されるスマート爆弾やコンピューター制御の指揮統制システムなど，精密誘導兵器が含まれており，1990～1991年の湾岸戦争で能力を発揮しました。

当時，こうしたテクノロジーは明らかに最先端でした。しかし，防衛のための研究開発に対する新しい考え方を必要とする，新たな可能性が浮かび上がってきました。さらに，国家安全保障の戦略家たちは，国家に属さず，テロ攻撃を起こす能力をもち，物理的ではなく主に心理的な脅威を与える団体をも含む，多極的世界と対峙することになりました。結果として複数の意味で標的が動き回り，新しいテクノロジーを使ったアプローチで捜索する必要が出てきたのです。

数年の間，こうした新しいテクノロジーが「第三のオフセット戦略」の名の下に集められました。軍事情報サイト「リアル･クリア･ディフェンス」は，これを「この大いなる覇権争いの時代に，縮小するアメリカの軍事体制と低下する技術的優位性を相殺する企てであり，軍事指導者が少なくとも一世代にわたって取り組んでこなかった挑戦である」[8]と解説しています。第三のオフセット戦略のテクノロジーの正確な骨子は，第一･第二のオフセット戦略ほど明確ではありません。したがって観察者はこの戦略の研究開発の取り組みについて知るために，アメリカ国防総省が予算を発表するのを待っています。

なかにはもちろん，公表されない機密扱いの「ブラック」プロジェクトも存在します。それでも，いくつかの公共予算の明細には特に注目が集まっています。一つの予算明細には自律型ディープ・ラーニング・マシンとビッグデータの処理に基づく早期警報システムが含まれています。ディープ・ラーニングの背景にある考え方は，「データの抽象的表現を創造できるようなアルゴリズムを使って機械をプログラムできる。そうしたアルゴリズムは，音声認識や自然言語処理やさらには顧客関係管理にまで適用できる」ということです。ディープ・ラーニングによってなされた仕事のいくつかは脳が情報を処理し，コード化する方法から得た知識を基本にしています。

ディープ・ラーニングもまた，アメリカ国防総省の目標に貢献できるでしょう。その目標のなかには，人間と機械のコラボレーションを可能にし，人間のオペレーターが意思決定をしやすくしたり，人間がパワースーツのようなマシンの力を借りて効率的に作戦を実行できたりするなど，機械が人を補助する軍事行動が含まれます。現在，人間がボタンやジョイスティックを操作することなく，人間と機械が効果的にチームを組めることを示す証拠は，ほんの少ししかありません。それを可能とするためには高機能のインターフェースが必要で，製造業は生産目的でそれに興味を示しており，軍も最終的には日常的に使用する目的で興味を示しています。これらは現在市場に出回っている声でコントロールできる情報家電よりもはるかに強力で，自然な感覚のものになるはずです。このような人間と機械のチームが真に一体となるためには，お互いコミュニケーションをとることが必要となります。

DARPAはこの件に関して公にはさほど意見を述べていません。しかし人間と機械の新しいインターフェースの実用性には，おそらく一つの懸念があります。敵対勢力によりハッキングされる危険性です。サイバー戦争のために「鍛える」ことができる半自律の兵器は，将来的なシステムに一定の役割を果たすでしょう。この章の残りの部分のほとんどでは，こうした考え方のいくつかに戻ることになります。

脳と脳の交信

映画『ファイヤーフォックス』で，クリント・イーストウッドが演じる主人公が同名の戦闘機と一体化してから数十年が経ち，映画『アイアンマン』では，トニー・スタークというキャラクターが高度なヒューマン・マシン・インターフェースを通してアイアンマンになりました。このように密接な人間と機械のチームが実現するのは，はるかに先になるかもしれません。しかし遠くない時期に，私たちは人工装具やパワースーツのようなロボット支援を見かけることになるでしょう。コンピューターはすでに，オペレーターに技術的な優位性を与えるために衛星画像を分析するのに役立ち，民間レベルでは自動運転車が実用化されました（まだ社会に受け入れられているとはいえないまでも）。アイアンマンの世界により近づくには，ハードウェアの工学上の進歩が必要です。そしてそのほかに，今までになく洗練されたマシンと働くうえでの人的要因に関わる，ソフトウェアとしての工学心理学や神経人間工学も必要になってきます。神経人間工学は，神経科学の発見を，人間と機械のチームでの人間的側面を理解するために適用する学問分野です。

第三のオフセット戦略のテクノロジーの定義がはっきりしていないため，新しい政策の範囲に収まるその他のプロジェクトにも気を配り，その目標のいくつかを補足し，脳神経倫理学に関する問題も検討しなければなりません。必然的に，こうしたプロジェクトの多くは軍民両用となっています。DARPAの「新興治療のためのシステムに基づいた脳テクノロジープログラム（SUBNET）」はその一例です。DARPAはその他の連邦政府機関や民間産業と協働し，より高度な電子マイクロアレイ・チップを開発して脳の深部刺激を行い，精神神経疾患の治療や人工装具システムとして使用することを目指しています。これらは脳の機能を監視し，調節する閉ループデバイスとなるはずです。埋め込み可能なチップは，電極数が標準の96をはるかに超えると予測されています。これらは新しい治療法としてだけでなく，さまざまなタスクに対する能力を向上させるためにも有益となります。

未解決の問題は，何千あるいは何万の電極をもつ生体適合性のあるマイクロアレイをつくるための素材が開発されるかどうかです。DARPAの「神経工学システム・デザイン・プロジェクト」は，「前例のない信号分解能と脳と電子機器間のデータ転送帯域幅をもつ，埋め込み可能な神経インターフェースの開発を目指す。目標は，これを$1cm^3$以下（5セント白銅貨を二枚貼り合わせたくらい）の生体適合性のある装置にすること」[9]と述べています。

信頼できるヒューマン・マシン・インターフェースは，第三のオフセット戦略の重要な要素となるでしょう。しかしDARPAの計画者の一部からは，このようなデバイスが，遠距離を介した人間と人間の直接コミュニケーションを可能にするほど強力であり続けるだろうかという疑問の声が上がっています。物議を醸した2003年の*Nature*誌の論説は，内在する倫理的な問題に対処していない消極的な神経科学者たちのこうした取り組みを，次のように非難気味に予測していました。「DARPAは，人間の脳から機械へ，さらには人間から人間へ画像や音などのメッセージを中継できるシステムを創造したがっている」と。

人間の脳から脳へのコミュニケーションが実現可能であるという考え方を証明する初歩的な実験が，2013年にアメリカのワシントン大学で行われました[10]。一人の研究者がEEGキャップをかぶり，コンピューターのスクリーン上にある標的を叩くべく，指を動かそうと考えました。その信号はインターネットを介して，磁気刺激を生じるキャップをかぶったほかの科学者に送られました。理由がわからずに，送られた側の研究者は指を動かして，コンピューターのキーボードのスペースキーを押し，その状態を「神経性チックのようだ」とたとえました。これはとても刺激的な実験でしたが，高度なバイオエレクトロニクスに基づくチップを移植すれば，よりよい結果が得られるはずです。ワシントン大学のチームは，二人の人間をネットワークで交信させテトリスに似たゲームをさせることで，この研究を継続しています。

さらに注目に値するのは，人間の脳と脳を瞬時に交信させることを可能にするだけでなく，脳どうしのネットワークを使って，その処理能力で特定の問題を解決するシステムでしょう。たとえば，金融危機が起こり，世界市場が脅威にさらされたと想像してください。一定の数の金融専門家が集められて一つの神経インターフェースのグループをつくり，協力して解決法を探ります。会話の邪魔も性格の違いも頭のいい人ならではのエゴもなしに，それぞれの専門家が独自の専門知識を適用するのです。似たようなシナリオが，国家安全保障の問題にも適用できるでしょう。軍事と外交の専門家による集合的で自由な経験と知性が，神経ネットワーク上で合流して，問題を解決し望ましい選択肢を選び出します。問題に関係のない個性の違いは，理論上とり除かれるはずです。戦場にいる兵士や石油掘削装置の作業員なども，ネットワーク化された脳によってお互いの知識やスキルを補い合い難しい状況に対処できる例でしょう。ある種の脳の集団といった感じです。

人間以外の種を使った概念実証実験のいくつかでは，『スター・トレック』シリーズの「ボーグ」で詳しく描写されているような集合ネットワーク化された脳が，それほど奇怪な空想物語ではないことが証明されました。デューク大学とペンシルベニア大学の共同チームは，数匹のラットの脳をつないで「脳ネット」をつくる実験を行い，別の実験では数匹のサルで同様のことを行いました。これにより実験動物たちは，それぞれの脳の力を合わせて，一匹のときよりも効率的に問題を解決できたのです。サルの実験では，別の部屋にいた二匹のサルの脳から，同様に電気活動が記録されました[11]。どちらのサルも，目の前に置かれたコンピュータースクリーンにつながった仮想アームをそれぞれ50％だけコントロールすることが可能でした。二匹のサルは報酬をもらうため，ジョイスティックを使うか，それぞれのサルの脳にある電気的変調に反応して一緒に仮想アームを動かしました。これにはかなりの訓練が必要でしたが，サルが仮想アームに意識を集中すればするほど，それを上手に動かせるようになったのです。これはそれぞれのサルの脳内で発火していたニューロンの相関関係で計測することができました。一つのタスクに対してサルの数が増えれば，参加している脳が疲労したり，離脱してプロジェクトに支障を来したりするチャンスは減ります。この実験のチームリーダーでありデューク大学で教鞭を執るミゲル・ニコレリスは，「もし一回の試行で一匹のサルがドロップアウトしたとしても，脳ネットは強靭に対応する。もし三匹ではなく，一万匹いたと想像してみよう。その場合は非常に強靭だろう」と述べています[12]。

この実験ではそれぞれのサルの脳内の運動制御中枢にある，200～300のニューロンを調べました。複雑なタスクではありませんでしたが，この結果は素晴らしいものです。では，経済的な決断や戦術などのより高い認知的能力を必要とする問題は，脳の集団の決定に従うべきでしょうか？もしかしたら実行段階で，人間の脳はこのようなシステムでは解決できない障害を示すかもしれません。さらに，それぞれのサルが暗黙のうちにほかのサルの脳と協力して仮想アームを動かしていた際に，実際どのように

「感じた」かは誰にもわかりません。彼らが脳ネットに加わっていたときにどのような経験をしていたか知ることはできませんし，人間だったらどう感じるのかもわかりません。もしかしたら参加しているほかの人々に，心に秘めた考えまで知られてしまうのでしょうか？　しかし実験としては面白いものです。それに，もしつながれた脳の一つに，ほかの傷ついた脳を治療する助けができるのであれば，人間の治療にとっては潜在的に重要だといえるでしょう。失語症によって言語に問題のある脳卒中の患者は，物理的損傷が特定の領域にあります。おそらく，健康な脳とネットワークをつくることができれば，言語野に別の経路を見つけ出す手助けになるかもしれません。

脳と脳をリンクさせる実験に関わった脳科学者は，高レベルの認知的能力の共有でさえ「プロセスの機械的な要所を発見できれば，乗り越えられない障害などない」と語るでしょう。しかし，人間の脳と脳のどんなリンクが可能かを探る実験は，工学的な問題のほかに，必ず倫理的障害に直面することになります。その技術が侵襲的な神経移植をともなっている場合は，特にそうでしょう。しかし，二人のパーキンソン病の患者が偶然にも同時に，運動症状をコントロールしやすくするための電極移植手術を迎えると想像してみてください。それぞれの患者はすでに，治療のための手術の間に聴覚伝導路を使った実験にボランティアで参加しており，それ自体は特に新しいことではありません。しかし脳ネットの実験では，このような二人の患者が手術の間にほかの脳につながれ，さまざまな運動もしくは知的作業に参加し，その経験の現象学をのちにレポートすることに対して，インフォームドコンセントを提出する必要が出てくる可能性があります。確かに概念実証としては魅力的な実験です。しかし，脳に障害をもつ患者を，デバイスが埋め込まれた人間のボランティアの脳にリンクするという壁は，なかなか乗り越えられないでしょう。EEGキャップなど脳の外部の装置を用いることで，解決方法を見いだせるかもしれません。

ケンタウルスの帰還

第三のオフセット戦略に関連する，人間的な側面を加えたテクノロジーがほかにも存在します。そのうちの一つは「ケンタウルス」と呼ばれています。この概念は軍用のパワースーツや，兵士と並んで重いものを運ぶロボットの犬よりも，はるかに先をいっています。ケンタウルスのコンセプトには，人間と機械のチームが関わってきます。機械と人間が一緒になり，それぞれの特別なスキルを合体させるのです。機械は正確で信頼がおけますが，柔軟性に欠け，自然ではありません。人間は柔軟性と想像性に富んでいますが，ときどき不正確になります。今のところ，機械は自分たちの収まっている箱の外では考えることができません（ただし，部分的に神経ネットワークに基づいているディープ・ラーニングのシステムでは実現できるかもしれません）。そして人間には偏りがあり，疲弊します。しかし双方の「認知的チーム」ができれば，人間がより速く，より正確に仕事をすることが可能になるのです。

すでに空飛ぶケンタウルスといえる例が存在します。戦闘機「F-35ライトニングⅡ」です。この戦闘機は大量のデータを受信し，それらを解析してパイロットに向けて表示します。パイロットがよりよい決断を下せることが目標です。当然ながら，搭載されているコンピューターが使用するアルゴリズムと，提供された情報を最大限に活かすパイロットのスキルの両方に多くを依存しています。基礎的な神経科学は，これからこの両方のプロセスに貢献する予定で，またすでに貢献しています。たとえば最大限の信頼性がおけるソフトウェアや，人間に情報が届く方法の設計です。処理できないほどの大量のデータが届くことなく，きちんと消化されそれに基づいて決断を下すことができる必要があるのです。

脳テクノロジーにとって次の課題は，瞬時に人間と戦闘機をつなげる移植デバイスをつくれるかどうかです。脳手術につきもののリスクはともかく，こうしたプロジェクトが現在進行中であることを我々は書き記しておきます。ただしまだ初期段階にあります。「神経工学システム・デザイン・プロジェクト」には，人間の脳とデジタルの世界の間で信号分解とデータ転送を可能にする，人体に埋め込み可能なテクノロジーが含まれています。「確実な神経インターフェース・テクノロジー」は人間のオペレーターが効率的にパワースーツをコントロールできるよう神経システムから情報を抽出したり，ほかの複雑なテクノロジーと接続したりすることを提案する移植デバイスです。『アイアンマン』のトニー・スタークはまだ私たちのそばにいませんが，もうそれほど遠くにいるわけではないでしょう。

新しい配列

前述したような信頼のおけるシステムをルーティンに入れるとしたら，現実世界における状況では，現在では想像もつかないようなシステムが必要になってくるでしょう。実現を信じるかはさておき，なぜ軍事計画者がこのようなアイデアを戦場にもち込み，兵士どうしが瞬時に情報を伝え合うことができるようになることを夢見るのかは理解できるはずです。もしさらに想像を膨らませることができるなら，次のような可能性を考えてみてください。直接脳と脳がつながるネットワークによって，さまざまな学問分野の専門家のもつ知識データベースがたくわえられ，そのうちの誰もが，本来はそれぞれの分野において習得に何年もかかる情報に，知的にアクセスすることができるようになるのです。

脳と機械のコミュニケーションシステム，そして脳と脳のコミュニケーションシステムは，神経科学と工学の一体化の一例です。パーキンソン病や，筋萎縮性側索硬化症，四肢まひなどの深刻な病気を抱えている人々には，現在実験段階にある「ブレインゲート」システムが助けになるかもしれません。このシステムは当初，ブラウン大学によって開発されました。ブレインゲートは脳に埋め込まれた100個の微小電極を使い，神経活動を追跡し，コンピューターによって実行されるコマンドに変換します。変換されたコマンドにより，照明や室温を調節したり，コンピューターのスクリーン上でカーソルを動かしたりすることができるのです。

軍事計画に携わり神経科学に投資する責任者の視野には，さらにもう一つの一体化の例が入っています。彼らは，生体システムを使って，人間がつくり出したマシンにはできないことをさせる「工学的生物学」と呼ぶ新しい分野について議論しているのです。工学的生物学の最終的な目標は，ゲノミクスや画像装置，情報学などさまざまな分野のツールを使用して，プログラム可能な生体系を創造し，新たなワクチンや治療法をつくり出したり，さまざまな目的に応じた新しい製造工程を実行したりすることです。そのうち脳テクノロジーの適用は最優先課題になっています。たとえば，四肢の切断手術を受けた人々に，一部生体的で「スマート（コンピューター制御された）」でそしてもちろん確実にワイヤレスの義肢をつくることなどです。現在開発されている動きの鈍い人工の腕や脚は，筋肉や神経群にワイヤーでとりつけています。もちろん，現在の人工四肢の動きも非常に洗練されていますが，プラスチックと金属ではなく生体系に基づいた新しい義肢ができれば，これに勝るものはないでしょう。

プロの倫理

インターネット企業のグーグルは，多くの従業員の反対を受けて，2018

年にアメリカ国防総省の「プロジェクト・メイブン」を支援する契約から撤退しました。このプロジェクトは，ソフトウェアを使用してドローンの映像解析を補助するものです。こうしたシリコンバレーからの懸念に対する国防総省の返答の一部がジョイントAIセンターの設立で，「倫理，人道的配慮，そして短期的かつ長期的なAIの安全性」への重点的な取り組みを掲げています[13]。ドローン技術はさまざまなテクノロジーを可能にするより大きな運動の一部で，攻撃用兵器システムをより自律的にすることもそこに含まれています。神経科学者たちが探究し拡張してきた神経ネットワークの概念は，そうしたシステムを実行する際に，最低でもある程度の状況を認識するソフトウェアを作成するための興味深い選択肢をいくつか提供しています。国防関係者の間では，「兵器システムがそれ自体のみで致死的な攻撃を行う決断を下すことが，どの程度許されるか」に関して熾烈な議論が起こっています。問題なのは，そのような力を機械に与えることに抵抗する戦士の文化があるにもかかわらず，現代の戦場のスピードは非常に速く，センサーやコンピューターにより収集されるデータもとても複雑なため，兵士は否応なしにより自動化された戦闘アプローチに巻き込まれていくことです。

科学者と技術者，そして軍関係者による倫理をめぐる対立は，新しいことではありません。「全米アカデミーズ」は，リンカーン元大統領が新しい戦闘技術を評価する必要性があったことを起源に生まれました。アルバート・アインシュタインは，ルーズベルト元大統領が原爆を開発した「マンハッタン計画」の作成を奨励する役割を果たしたことを後悔していました。大学を基盤とする研究に国防筋が出資することが，1960年代後期の反戦運動の火種となりました。世界大戦中には精神科医や心理学者たちが人々の知能や性格や小集団の動態を，1950年代には核実験に対する兵士や海軍の反応を査定しました。1960年代の発展途上国では社会科学者が，共産主義の破壊運動を理解するための援助を依頼されました。学界からのスプートニク1号以来の巨大な資金援助がなければ，現代のアメリカ軍の優位性は考えられないでしょう。*Nature*誌の論説「神経工学者の沈黙」は神経科学者に，もっとDARPAのような政府機関が出資した可能性のある研究の裏に存在する意味を自覚するべきだと呼びかけました。これはDARPAの防衛科学室のシニアメンバーからの，怒りの反撃の口火を切りました。このメンバーは，一般市民に彼らの研究が与える恩恵，特に医療について主張しました[14]。

我々は，こうした一見矛盾する責任について，個人や団体が熟考してみる方法があると信じています。*Atlantic*誌の2018年6月の論説では，元アメリカ国務長官のヘンリー・キッシンジャーが，技術者や人道主義者に団結を呼びかけています。倫理的に困難な，神経科学とその軍事的利用の新しい時代のための哲学的枠組みに向けた道を，ともに切り開いていこうということでした[15]。この目標自体は素晴らしいものです。しかし，防衛計画の担当者を対話に導入すると，話がかなり複雑になってしまいます。信頼することが最初のステップです。学者たちはアメリカの軍事文化のDNAに倫理が書き込まれていることを知って驚くかもしれません。反面，軍事計画者は「キャンパスを暴れ回るインテリの過激な平和運動家」といった，学者たちへの既成概念を捨てなければならないでしょう。どちらにも例外はないという意味ではありませんが。

我々は科学技術者という立場なので，この問題には気が滅入ります。知識を増やし，人類の繁栄と，容赦なく続く国家安全保障の要求に貢献したいという個人的な倫理観と，どう折り合いをつけたらいいのでしょう？すべてに責任がつきまとい，また競争的で暴力的になっている世界の現実と結びついています。その現実のなかには，世界的な大惨事を70年も防いできた国際協定が，今までになく圧力を受けていることが含まれます。特に，科学者と技術者は，1960年代に活躍した歌手でコメディアンのトム・レーラーが「『ロケットが打ち上がりさえすれば，どこに着地しようが知ったことじゃない／それは僕の部署の責任じゃないから』とベルナー・フォン・ブラウンは言う」という歌で風刺した立ち位置にはつきたくないのです。

我々は近接性と参加の原則に基づいた枠組みを提案します。近接性とは，自らの仕事が死傷事故を引き起こす際の，既知の役割を指します。その役割がより近接的であるときに，技術の使用がどうであったかという質問をすることがより妥当になるのです。たとえば，その技術がどのように武力衝突の法律や指揮命令系統により制御されるかといった質問です。確かに，基礎科学も意図しない影響をともなって利用されてしまうことがあります。そうした結果は事前に見通すことができるとは限りませんが，少なくともそのシナリオを想像することは，場合によっては可能です。そうしたものも，適切な問題提起となるでしょう。

近接性のもう一つの側面は，不作為による誤りです。「自分がこの仕事を引き受けなかったら，どのような害が発生するだろう？」 この質問が参加の原則に導くのです。仕事上での役割はもちろん，科学者や技術者は，会話から良心が抜け落ちることの影響について熟考する必要があります。あるシステムに，受容でき検証可能な安全策を組み込むことを彼らが主張しなければ，自分たちなら支持しないような形にほかの誰かがするでしょう。会議の場で主張をするには，まず席につくことが肝心なのです。

7

脳を治療する

神経科学の最終目的は，脳を理解することだけではなく，治療することです。公的資金と民間投資の双方が，これを基本的な論理的根拠としています。精神疾患に冒された脳も，すべての脳と同様やはり状況のなかにありますが，その状況はどう解釈すればいいのでしょうか？　現代の神経科学は，症状に基づいた精神疾患の分類を支持し続ける者と，神経科学の理論に基づいたシステムを基本とした分類に移行したい者との間に，激しい議論を生じさせました。診断カテゴリーのなかに，文化的偏見から生まれたものがあることは確かです。同性愛はその一例です。同性愛は大きな物議を醸したのち，1970年代にアメリカ精神医学会が発行する精神疾患のリストから外されました。多くの神経科学者がより客観的な科学に基づいたアプローチが必要だとし，神経科学はそのようなアプローチを支持できるに足るレベルの成熟度に近づいていると主張しています。

しかし医学の任務は，人間の苦しみを減らし症状を改善させることです。脳が働く方法についての深い理論を知らなくても，現代の心理療法により，パニック発作や，慢性の強迫観念，思考障害，途切れた注意力，過剰な気分の変動には対処できます。しかし，もっとできるはずですし，やるべきなのです。うつ状態の再発の前兆である脆弱性に対する防御策として，ニューロン形成（新しいニューロンの成長）を促進する方法が構想されています。ニューロン形成は薬理学（プロザックの使用）や身体的活動によって起こり，おそらく認知療法によっても可能でしょう。

ときにこうした治療法は驚くべきものになります。典型的な深刻なうつ病の治療には6週間近くかかるのが普通です。この深刻な病に苦しむ人にとっては，たまったものではありません。弱まることのない不安と悲しみに襲われ，安堵の気持ちも希望もほとんど感じられず，自殺観念がちらつき，改善もしないのですから。最近の発見では，*N*-メチル-D-アスパラギン酸受容体を脳内でブロックし神経伝達物質のグルタミン酸に影響を与えることで知られるケタミンが，数時間ほどであればうつ状態に苦しむ患者に安堵感を与えられるとわかりました。ただし，効果がどの程度続くかはまだわかっていません。

深刻な精神疾患

いずれにせよ，統合失調症のように深刻な精神疾患の治療法の進歩には，かなり時間がかかっています。複数の研究グループが遺伝的な脆弱性を明らかにし，より最近では患者にそうした素質を継承することを促進するエピジェネティックな変化（環境による遺伝子の変化）が発見されました。たとえば，ダニエル・ワインバーガーが率いるリーバー脳発達研究所の研究グループは，統合失調症のリスクを高める一定数の遺伝子を突き止めました。死後解剖により調達した数千に及ぶ脳を調査した彼らの研究は，治療に対して腹立たしいほど抵抗性のある精神病性障害などの疾患に，新しい神経科学を適用した例の一つです。

1950年代，世論がロボトミー（前頭葉白質切截術）やECTに反対する方向に変わると，ドーパミン受容体をブロックする抗精神病薬を使って心をかき乱す行動を改善し，長期にわたる入院から患者を解放する動きが起こりました。脱施設化と呼ばれるこの動きはまたたく間に進み（ただし，集中的な管理が必要だった多くの人々に対して適切な手はずが整えられないまま），それまでの薬剤につきものだった最悪の副作用を防ぐ，非定型の抗精神病薬が採用されました。2000年代の初期からは，恐れと不安を調節するGABA作動性ニューロンの*N*-メチル-D-アスパラギン酸型グルタミン酸受容体に注目が集まるようになりました。将来，グルタミン酸の調節は，統合失調症の治療法になるかもしれません。グルタミン酸は興奮性をもつ神経伝達物質です。同じく基本的な神経伝達物質であるGABAは，逆に抑制性があります。この二つの物質の脳内でのバランスが非常に重要なのです。さらに，このバランスは治療に対してより有効な理論ベースのアプローチが可能であることを示唆します。

神経科学に基づいた治療でもう一つ重要な対象となるのは，依存症です。ある種の強迫性障害で，対象は甘い飲み物からセックス，ギャンブル，ドラッグまで，さまざまなものです。すべての形の依存症には，強迫的で破壊的なコントロールの喪失が含まれます。ある種の意思のレイプと呼んでもいいかもしれません。神経科学では依存症を，「過剰摂取と中毒」「離脱症状と不快感情」「痛みと精神的苦痛に対する感受性の増加」の三つのフレーズで表し，これらは外側扁桃体と分界条の領域が関わっている可能性があります。以前は現在よりも，ドーパミンのような神経伝達物質が依存症の中心的な存在と考えられていました。このような物質は確かに，依存症の対象となるものを獲得する誘因と関係する，脳の報酬経路には欠かせないものです。数々の実験により，扁桃体もしくは側坐核にあるCRHが，天然甘味料やコカインのような向精神薬に対する動機づけを高めることが明らかとなりました。分界条床核などその他の組織は，ドラッグからの離脱症状の効果を悪化させる可能性があります。

環境がいかに強迫行動や否定的な思考や感情に影響するかについては，ほとんど知られていません。依存症は通常，決して楽しい経験ではありません。ある対象を習慣的に追い求め，満たされることはなく，リソースが枯渇し，絶望的で否定的な感情がますます高まっていくのです。どんな場合も，依存症は強迫的に選択肢を狭めていきます。たとえば麻薬への依存度が増大するにつれて，陶酔感は消え，衝動が強まっていきます。遺伝子の調節の基礎となる分子機構（たとえばサイクリックAMP応答配列結合タンパク質など）や，標的となるシナプス機能，すなわち中毒性，忍耐，感作，依存性，そして離脱症状の基礎となる細胞内信号伝達系については，ある程度わかっています。しかし，妙薬は存在しません。依存症は長年，脳の「病気」と解釈されてきました。しかし社会状況の影響が圧倒的に強いのです。

確かに，麻薬と，アメリカ国内のどんな人口統計上のカテゴリーにも悲劇的に蔓延している薬物の過剰摂取は，依存症をめぐる状況をよく表しています。過剰摂取に陥ってしまった人を，ナルトレキソンを使って回復させる方法や，麻薬に対する切望をメタドンのような遮断薬を使って断つ方法はすでにわかっています。また，神経画像検査の技術で，脳のさまざまな領域が「薬物乱用障害」と呼ばれるようになった状態を示すこともわかりました。そうした領域のなかには，前頭前野や帯状皮質といった新皮質の重要な領域，そして扁桃体や分界条床核や側坐核といった皮質下領域が含まれます。脆弱性を防ぐには，依存となる対象を避けることが一番の治療となりますが，対象を獲得して消費したい強迫的な脆弱性があるときの薬物乱用脳は，「ただノーと言おう」と言っているだけの状態です。そして一部には，ジョージ・クーブとその同僚たちが「ダークサイド」と呼んだものが存在します。これはうつ状態を併発する依存症で，実存的な不安と不快感，破滅感をともないます[1]。ウィリアム・ジェームズは脳のこのような状態をぼろぼろの状態または「病んだ魂」と表現しました[2]。

脳の新しい治療法には，賛否両論がついてまわります。たとえば1940年代には，精神疾患のストレスを経験している人々の注意と感覚の連携を変化させることができれば，興奮しやすさを抑えられる可能性があることに注目が集まりました。これは経眼窩式ロボトミーと呼ばれる外科手術の背景にある考え方で，この名前は，眼窩を通して，脳の灰白質と視床とつなぐ神経線維を切除することからついたものです。これにより，意識を調節しやすくなると考えられていました（不気味に感じられますが，それ以前の治療法よりはかなり進歩したものと当時は考えられていました。それ以前は頭蓋骨に穴を開けていたのです）。20世紀中頃になると，こうした神経線維を切断する治療法が，当時の精神病院で行われていたさまざまなショック療法よりも合理的で，解剖学に基づいた代替案としてとらえられました。当初は魔法の治療法としてもてはやされましたが（この技術の先駆者であるポルトガル出身の人物は，ノーベル賞を受賞しました），精神科医とメディアが，こうした「精神外科」による療法の多くは間違った方向に進んでいると気づきました。こうした手術が善意に基づいているのは確かでも，精神疾患を治療する道は，切開のほかにたくさんあることが明らかになってきていたのです。

ほぼ同時期に，食肉処理場で豚を気絶させるのに使われていた技術が，精神疾患をもつ患者に適用されていました。疾患を緩和させると思われる発作を巧妙に誘発するのです。この新しい電気ショック療法ECTをただちに受け入れた人々もいれば，軽蔑した人々もいました。アメリカ人の多くは，ECTの恩恵について映画で知ることになりましたが（例：1948年制作の『蛇の穴』），40年の間に，多くの映画はこの療法に反対するようになりました（例：1975年制作の『カッコーの巣の上で』。ただし精神病院という舞台設定は独裁政権をたとえるためで，偶然の産物でした）。精神疾患を治療することは，突進してくる牛をその場で止めるような簡単なことではないのです。とはいえ，賛否両論があるにも関わらず，現代版のECTは，カウンセラーとの話し合い療法や薬物療法では反応しなかったうつ病の患者に対して，比較的安全で効果的な最終段階の治療になり得ます。

電気療法

慢性的な病気を電気で治療しようという考え方の起源は，古代に遡ります。紀元前50年，ローマ皇帝クラウディウスの侍医であったスクリボニウス・ラルグスは，「今すぐに頭痛をとり去り，永久に治癒させるべきです。どんなに長く続き耐えがたくても，生きた黒いシビレエイを痛みのある場所に，痛みが止まりその部位の感覚がなくなるまで付着させるのです」と忠告したとのことです[3]。頭蓋骨を通して脳を刺激しようとする最初の試みは，1755年に行われました。フランスの医師シャルル・ル・ロワが，失明した21歳の男性を，頭部に電気的刺激をあてることによって治療しようとしました。刺激によって患者の網膜に眼内閃光（光る点）が発生しましたが，脳に影響するほど強くはありませんでした。結果としてル・ロワは失明を治療することはできませんでしたが，神経組織は電気に反応することを証明しました。彼の功績により，電磁気力の研究とともに，強い磁場は脳の組織を刺激できるという可能性が高まったのです。

1831年，有名なイギリスの化学者であり物理学者のマイケル・ファラデーが，電線コイルを電流が流れるとき，一次コイルの周辺に発生した変動する磁場が，隣にある二次コイルの電流を誘導することを証明しました。20世紀の初頭までには，科学者たちは磁場が神経活動を変化させうることを立証していました。しかし，当時はまだ磁石を使って大きな電流を発生させることは不可能でした。1980年代，イギリスの神経生理学者であるP・A・マートンとH・B・モートンが，損傷を受けていない，生きた人間の被験者の大脳皮質を「短い，しかし非常に高電圧のショックで，過度の不快感なく」刺激したことを報告しています[4]。

1985年，イギリスのシェフィールド大学のアンソニー・ベイカーと同僚たちは，経頭蓋磁気誘導により，人間の脳の運動皮質を刺激することに成功し，これによりTMSを発明しました[5]。いくつかの点で，TMSはfMRIと似ています。どちらも強力な磁場を使いますが，重要な違いが存在します。まず，fMRIは画像技術ですが，TMSは刺激であり治療法です。次に，fMRIでは磁場が中心的な役割を果たしますが，TMSでは誘導された電流が最も重要です。さらに，fMRIの機械は高価で場所をとり，安全で効果的な操作をするには広範囲の知識を必要としますが，TMSの機器は非常に小さく，診療所で簡単に扱えます。

反復経頭蓋磁気刺激（rTMS）は，カスタマイズすることによりさまざまな病気の治療ツールとして適用できます。たとえば，脳卒中の患者のほとんどでは，脳の片側の半球が活動遅延されますが，逆側はほぼ影響がありません。この非対称の状態により，影響を受けた側の半球では運動皮質の活動が減少し，影響を受けていない側では逆に増加します。患者の回復を目指すなら，両方の半球の機能を元の状態に戻すことが不可欠となります。磁気パルスを局所的に使うことにより，rTMSで二つの半球の神経活動のバランスをとりやすくすることができます。損傷を受けた側の皮質ニューロンの興奮性を高め，影響を受けていない側の活動を抑制するのです。

rTMSはよく，磁気パルスではなく電気ショックを直接脳に送るECTと比較されます。TMSのはるか前に開発されたECTは，今も治療の効かない大うつ病性障害に苦しむ成人患者の標準治療になっていますが，この状況はもうすぐ変わる兆候が見られます。2007年，アメリカ食品医薬品局は専門会委員会を招集し，ニューロスター・アドバンスト・セラピー・システム（ニューロネティクス社が製造するTMS装置）を，標準のTMS治療と比較した場合のベネフィット・リスク・プロファイルを決定しました。その専門委員会に宛てた手紙で，ある精神科医は，自ら治療を実践したところ，ECTが長引く副作用を引き起こしたと書いています。ECT治療のセッション後，患者たちは2～3週間仕事や運転ができなくなりますが，収入の少ない人は，それほどの長い期間休みをとることはできないのです。その精神科医は，rTMSならECTと同じ治療効果を得ることができ，副作用もECTほど長くはないことを発見しました。TMSは，重い難治性のうつ病に対する代替治療法となる可能性があり，より優れている可能性すらあるのです。さらに非侵襲性で目立った副作用がないため，外来治療にも使えるかもしれません。2008年，アメリカ食品医薬品局は，TMS装置を薬物治療で効果が出なかった成人の大うつ病向けの治療として認可しました。

もともと1980年代に神経科医の診断補助として開発されたTMSは，それ以来脳の回路と結合をマッピングするのに役立ち，治療効果も上げてきました。この技術を実施するには，専門の技師が，プラスチックに埋め込まれて絶縁された鉄心コイルを，患者の頭の片側にあてます。短い大電流がそのコイルを通過すると磁気パルスが発生し，脳を覆っている皮膚・筋肉・骨を貫通して，大脳皮質で局所的に弱い電流が誘導されます。局所的に流された電流が神経活動を調節するしくみは，完全にはわかっていません。誘導された電界がニューロンの細胞膜にイオンの流れを引き起こし，細胞が放電することにより，神経相互作用に結びつくと考えられています。

比較的非侵襲性であるため，一般的にTMSは低リスクの技術とみなされています。しかし，TMSに関連するリスクは存在するのです。そのうち最も厄介なのが，発作を誘引する可能性です。誘発された神経の興奮が，刺激を与えている場所の範囲を越えて広がってしまうと，発作が起こる可能性があります。典型的な症状としては，無意識に手や腕が動いてしまうことです。健常な患者を対象とした安全性試験では，TMSには副作用がまったくないか，あってもわずかでした。一方で，パーキンソン病や大うつ病性障害をもつ人々には，健康な脳組織をもつ人々よりも大きなリスクを突きつける可能性があるのです。

発作が起こるリスク因子として最も重要なのは，患者の全体的な脳の健康度です。1985年から1995年まで，rTMSの臨床研究中に意図的でない発作が起こった件数は7件でした。1996年には，「rTMSの安全性に関する国際ワークショップ」においてこれらの事例が検証され，安全指針が設けられました。この安全指針が1998年に導入されて以来，治療目的でのTMSの使用に関するリスクは大幅に減少しました。しかし，非治療目的での使用に関するリスクは大きいままです。TMSを受ける前に，その人物の脳の状態を評価する適切なスクリーニング検査を実施しなければ，発作を含む深刻な副作用を引き起こす可能性があるのです。

1980年代以降，パーキンソン病やその他の運動障害の治療法として，DBSが採用されてきました。DBSは，さまざまな病状を調整するために，電気で脳の特定の領域を刺激する方法です。この技術は，電極を脳の適切な領域に移植する手術をともないます。高周波の電流を生じるパルス発生器を，エクステンションと呼ばれる絶縁された電線を通して電極にとりつけます。エクステンションを皮膚の表層の下を通して胸腔の上部に移植されたパルス発生器につなぎます。パルス発生器は，バッテリーで制御された小さい箱状の機器です。パルスは通常100Hzを超える高周波で，短いバースト刺激と無刺激の状態が繰り返されます。

DBSが作動するメカニズムはまだ理解されていませんが，治療は一般的にいって安全で，科学的研究と臨床研究に裏づけられています。現在では，

DBSの電気信号が神経細胞を活性化したり遮断したりできるか，もしくは神経回路網を変化させることができるのだと考えられています。DBSはパーキンソン病の治療法として認可されているほか，うつ病や慢性痛，トゥレット・シンドローム，アルツハイマー病，てんかん，強迫性障害の治療の最終手段として試験が行われています。

ここまで見てきたように，脳の大理論は少なくとも今はまだ存在しません。しかし，何千年もの時を経て，ツールは大幅に進歩しました。それでも，そうしたツールがどのくらい効果的で，どのくらい安全なのかという問題は，多くの場合未解決のままです。tDCSは非常に単純な非侵襲性の技術で，9ボルトの電池と頭皮上の最低二つの電極を使い，ニューロンの電気活動を変化させ亢進したり抑制したりします。これはてんかんの治療にデンキウナギを使用する古い脳刺激法の子孫ともいえる技術です。少なくとも短い期間，tDCSが脳の状態を変える手法として，より高価でリスクの高い治療にとって代わることを望む人々もいます。また，精神疾患やその他の病気の治療法としてだけでなく，tDCSを知的能力を向上させるための手法として改良できないか，見極めるための調査が現在行われています。流動性知能は，未知の状況に適切に対処できる能力に与えられた名前です。アメリカのイリノイ大学にあるベックマン研究所では，この能力を向上させるため，特別に設計された電極を使い，高精細度タイプのtDCSを開発しようとしています。

2008年，アメリカ食品医薬品局はニューロネティクス社に，成人患者の難治性の大うつ病性障害の治療を目的としたTMS装置の製造を許可しました。ほかの医療目的については，アメリカ食品医薬品局はいまだTMSの使用を許可していませんが，いくつかの学術機関では，その他の脳の障害に対する認可外の治療の臨床研究において，実験的にこの技術を使用しています。たとえば，コロンビア大学の研究者たちは，長期間の睡眠不足を経験したあとの学生の記憶に対するTMSの効果を研究しました。また，TMSはトラウマ的な記憶を抑制する目的で，臨床的に採用できるという証拠も示されています。イラク戦争で闘った兵士を対象とした2004年のアメリカ軍による精神保健調査では，八人に一人がPTSDの症状を訴えていましたが，自ら治療を求めた兵士はそのうち半分以下でした。TMSは，トラウマ的な記憶を抑圧しやすくしたり，そうした記憶の形成自体をはじめから抑止したりすることで，PTSDの効果的な治療法になり得るかもしれません。しかし，記憶の抑圧にTMSが役立つのであれば，兵士が精神的なトラウマを経験してからまだ尚早な時期に，戦場に戻されるリスクが生じます。さらに，このような治療が，すぐでなくても長期的には予期せぬ結果をもたらす可能性もあります。

高精細度tDCSのプロジェクトが，アメリカ合衆国国家情報長官室（ODNI）の下部組織である情報高等研究開発活動（IARPA）の資金供給を受けているのは，理にかなっています。諜報員にとって，新しい状況にうまく対処することは不可欠なスキルです。第一次世界大戦中，地下活動を行う要員として最も優れた候補を選出するために，IQテストが利用されました。第二次世界大戦では，パーソナリティ検査や状況検査が使われました。しかし，結果は常に満足いくものとは限りませんでした。スパイの技能の世界では，すべての世代が新しいツールが現れるたびにそれらを試しているようです。

ポリグラフの代わりとして，嘘発見の目的でfMRIとTMSの合併使用を調査した研究が二，三例存在します。ポリグラフのデータの有効性に関する科学的証拠は不足しており，多くの証拠がスクリーニングにおいても調査においても，この技術による予測はあまり役に立たないことを示しています。あるfMRI/TMSの「嘘抑制装置」の特許申請書によると，まずfMRIのスキャンにより，ある個人が質問者をだまそうとしているかどうかが示され，次にTMSが大脳皮質の関連する部分の働きを抑制することによって，偽りを阻止するということです。

ブレイン・マシン・インターフェース

新しい脳の治療を最も必要としているのは，手足を動かす能力を失った人々でしょう。1990年代後期，科学者たちは，単純な装置の動きを脳活動でコントロールできることをラットを対象として証明しました。ほどなくして,サルを対象としてロボットアームでも同様のことを証明しました。より最近では，ブレインゲート（被験者の脳の皮質内に埋め込まれた100個の微小電極）のテクノロジーの予備実験において，一個のマウスのカーソルを1000日続けて神経学的にコントロールできることが確認されました。

脳の力を利用する目的での非侵襲性の技術は，人間においても使用が見込まれています。最近では，脳から十分なデータを得るのにジェルを必要としない，「乾式」EEGキャップの進展が報告されました。この脳キャップはリハビリの補助として，トレッドミルで歩行中の人間のひじ，ひざ，股関節の動きを再構成できるとされています。研究者たちは，運動皮質活動を電気化学的に計測することによって，地球の裏側にある歩行ロボットを神経学的にコントロールすることをサルに教えました。この種の制御技術が軍用に適用可能であることは，想像力を使わなくても理解できるでしょう。ジョイスティックを使ったりボタンを押したりといった，オペレーターから装置へ指示が伝わるのに遅延が発生する物理的行為の代わりに，数千マイル先にあるドローンを動かすために，ブレイン・マシン・インターフェースが電子と同じスピードで指示を送ることができるのです。

ブレイン・コンピューター・インターフェースは神経活動を，通信機器から人工装具までさまざまな装置への入力に変換します。皮質内微小刺激と呼ばれる新しいインターフェース・システムは，神経学的にコントロールできる人工装具です。ほぼリアルタイムで脳に触覚情報を送り返すことができ，必然的に「ブレイン・マシン・ブレイン・インターフェース」をつくり出します。触覚情報を脳に送る人工装具を考案することだけではなく，ブレイン・マシン・ブレイン・インターフェースは直接神経活動を変化させる可能性もあります。この技術もやはり，軍事利用を誘発します。たとえばfNIRSなどのポータブルデバイス技術を使えば，兵士の神経学的欠陥を検出することができ，その情報をヘルメット式または車載のTMS装置に供給し，ストレスや集中力に関連する兵士の脳の機能を抑制または強化することが可能です。軍事利用に関しては，第8章で補足します。

ブレイン・マシン・インターフェースの実験の進歩は2000年代初頭に一気に起こったため，今ではほぼ流行遅れになっています。こうした洗練された実験技術がどのように私たちの日常の一部になっていくのかは予想できませんが，ここ数年の間に，神経系の最も単純な移植が，世界のさまざまな場所にいる実験的な（場合によっては変わり者と呼ばれるような）人物たちによって行われています。

イギリスのさまざまな大学で工学教授を務めたケビン・ワーウィックは，自らが人類最初のサイボーグであるという，もっともな主張をしています[6]。ワーウィックは1990年代後半，電磁場を通してデータを転送する比較的単純なデバイスの無線自動認識タグ（RFID）を自らの皮膚に埋め込んで，照明や暖房器具，その他の身近にあるコンピューター制御で動く機器をコントロールしました[7]。2002年，ワーウィックはこの功績を長距離に広げ，イギリスのレディング大学にいた自分の移植デバイスからインターネットを通して信号を送り，ニューヨークのコロンビア大学にあったロボットアームをある程度コントロールすることに成功しました[8]。この分野の先駆者であるワーウィックに，メディアはすぐに「ドクター・サイボーグ」とあだ名をつけました。ワーウィックの実験のなかでも特にロマンティックなのは，彼の妻が腕に電子マイクロアレイを埋め込み，ワーウィックが意図したときに送る信号を受信するというもので，これによってテレパシーによる交信への道を拓いた可能性があります[9]。

ここ20年ほどの間に，脳から脳へのインターフェースの考え方は，初期の実験よりもかなり進化しました。言語や他の進化的に獲得された信号（たとえば表情や眼の動き。気づきにくく無意識ながら効果的）に頼らずに，脳と脳の間でコミュニケーションを可能にするシステムを開発する試みが行われています。アメリカ・シアトルのワシントン大学で行われ大いに話題になった実験では，「送信者」につながれたEEG機器が脳活動の電気信号を，手の動きを司る脳の領域近くにTMSのコイルを埋め込まれた「受信者」に向けインターネットで送りました[10]。送信者がコンピューターゲームの一環として，ある武器を発射することを思い浮かべたとき，受信者の手が動き，実際に標的に向けて発射するポーズをしました。こうした実験は，送信者が「撃て！」という命令をはっきりと思い浮かべていると成功します。しかし常にうまくいくとは限らないためある種の訓練が必要で，それでも最低10～20％の動きは失敗します。

しかし，この脳から脳へのインターフェースの実験は，この概念が研究室で実際に成功し，結果として神経障害をもつ人々へのリハビリテーションに適用できる可能性を示唆しています。伝統的な心理療法に代わり，もしくは伝統的な心理療法と併用して，未来の「神経療法士」たちが損傷を受けた人の脳の機能不全を起こしている部分に電気的に直接介入し，経路を復元したり新しい経路をつくり出したりする治療が可能になるかもしれません。しかしこれらのテクノロジーが将来実現可能だとしても，こうした最終目標に到達するには，脳機能が低下した患者を使って，厳密に制御された環境下で，何年も実験を重ねる必要があるでしょう。そのようなシナリオでは，神経療法士が現在の心理療法士よりも患者に対して大きな権限をもつことになります。新しい神経経路がつくられる際に，その治療の最終目的は，どのようなルールで規定されるのでしょうか。患者の個性や独自性を保護するため，医師や施術者によって，新しい倫理規範をつくる必要性が出てくるでしょう。

幻覚剤

治療の正当な選択肢となる可能性を秘めているとして現在再評価されているのが幻覚剤で，不安とうつ状態の苦しみを和らげることが期待されています。1950年代半ばから1960年代半ばまで，サイシロビンやLSDの研究がさかんに行われていた時期がありました。1000もの論文が発行されましたが，次第にこれらの化合物は，科学的にも治療法としても利点がないと位置づけられるようになります。当時ドラッグの効果と安全性を検討するための権限を新たに与えられたアメリカ食品医薬品局は，こうした薬物を認可するのに十分正確なデータが得られたという結論には達しませんでした。さらに法執行機関や政治家が，リスクに関するクレームの圧力を受けました（ただし，ニクソン大統領の支援者の一人はのちに，この方針は多分に政治的であったと証言しています）。

インスリンと糖尿病がそうだったように，こうした進歩はまず実験によって実証されるべきです。そして，さらなる改良を視野に入れ，メカニズムについても研究する必要があります。現在，数人の研究者が，十分にコントロールされた環境下で，生命をおびやかすような病気から生じた不安に対するLSD使用の臨床実験を許可されています。同時にMDMA，マリファナ，そして南アフリカで発見された植物から煎じられるアヤフアスカというお茶の実験も行われています。幻覚剤学際研究会（MAPS）のような団体は，主要な医療施設で注意深くコントロールされた臨床試験を企画しました。たとえば，死の不安に対処するためサイシロビンを使用するなどです。サイシロビンもまた，アメリカ食品医薬品局によって，治療抵抗性のあるうつ病の臨床試験への使用を認可されています。

選択的セロトニン再取り込み阻害薬という現代的な抗うつ剤も，脳のセロトニンの濃度を上昇させます。幻覚剤が作用するメカニズムは，はっきりとはわかっていません。しかしいくつかの証拠により，前頭皮質のセロトニン受容体を刺激することが指摘されています。神経画像検査により，サイシロビンを使用している人々は前帯状皮質と内側前頭前皮質の活動が低下し，内側前頭前皮質と後帯状皮質の間の正の結合が減少することがわかりました。LSDを使用している人々にも似たような効果が見られ，このことにより研究者はLSDの幻覚作用を理解することが容易になりました。視覚野の連携が一時的に拡大するのです。対照的に，傍海馬領域と脳梁膨大後部皮質の連携は低下し，これが自我の感覚の減少および宇宙との「一体感」の増大と相関関係をもちます。

一体感をもつことは素晴らしい目標ですが，依然として世界は危険な場所です。私たちは革命的な時代を生きています。あっと驚くような技術が登場し，ツールやその適用法が浸透するスピードやそれらが潜在的にもつ破壊の可能性は恐ろしいほどです。技術は神経科学の発見とともに進化します。脳と脳あるいは脳と機械の融合，そして機械のなかでの脳組織の成長などが実現するのは，もうすぐでしょう。兵士を対象としたより明確な医療ニーズに比べれば，こうしたものは無視されがちですが，メンタルヘルスの問題は国防のニーズと一体にして考えられるべきなのです。どちらも，世界が予想外のリスクを絶え間なく突きつけてくることに根ざしており，そのようなリスクはジョン・デューイのような哲学者や，ジョン・ケージのような音楽家や，マルセル・デュシャンのような画家が宇宙の「偶然性」と呼んだものです。進化の時代を生きる生物である私たちにとって，捕食者は古代とは違うものになりましたが，警戒はいまだ必要であり，地政学的には軍拡競争を忘れるわけにはいきません。神経のハイジャックは絵空事ではなく，現代的な形の脳の誘惑でありマインドコントロールにすぎないのです。

デルガードの闘牛を使った実験からここまで，我々は長い道のりを進んできました。脳についてそして薬物の発見と送達について，我々はより多くの知識をもっており，また化学環境についても少しは理解しています。遺伝子調節は，闘牛場に立った熱心な神経科学者が想像したであろうものよりも，はるかに正確です。私たち人間は現在，予測可能な一貫性と適合性をもって，精密医療をつくり上げようとしている最中です。差し迫った神経精神疾患のニーズを考えれば歩みはまだゆっくりですが，すでに幻想ではありません。何が有効で何がそうでないのかを問い続ける骨の折れる研究によって，ツールはすでに存在しさらなる拡大を続けているのです。

8

社会化する脳

向社会的な行為は，他者を助けることに関係しています。そうした行為は，他者と相互関係をもち，公正でありたいという私たちの欲求に対する反応であり，社会的に建設的な行動です。それは利他の精神に基づいているのかもしれませんし，単に友好の精神や人間としての連帯感がきっかけになっているのかもしれません。ダーウィンは，向社会的な行為は文化の進化の基本であると理解していました。そうした行為は，接近あるいは回避の社会的感情を通じて基本的な社会的接触を促します。向社会的な脳は，人間の価値の生物学的基礎となるものなのです。

社会性をもつ種

アリストテレス，ダーウィン，そしてデューイが観察したように，人間は社会性をもつ種であり,私たちの脳はこの明白な事実を反映しています。したがってこの章では，道徳観の起源に関する自然主義的な背景を説明しながら，向社会的な脳について解説したいと思います。道徳観は，適切な環境下で脳により調整される，多様な評価方法です。神経科学の研究を行ううえで下される道徳的な決定は，人間の向社会的な脳が倫理に適用される典型例といえるでしょう。神経科学における倫理的決定は，少人数のグループで，その実験に価値があるか一線を越える必要があるかを議論したり，相手側をうまく丸め込もうとしたり説得しようとしたりするときに下されます。科学者ではない人々にとって，科学の一連の作業は，奇妙で専門的で学術用語だらけに思えるかもしれません。しかしほかのどんな集団とも同じで，頭をつき合わせ倫理的に何が容認でき何が望ましいかを決定しているだけなのです。神経科学のプロセスはこのように，社会的相互作用の生物学的基盤としての脳について研究を進める中で，人間の社会化および社会的倫理の核心をつかんでいます。

哲学では自然主義者は「価値は経験のなかで遭遇する状況から生じる」と信じており，したがって「価値は事実と区別できるものではない」としています。道徳に関係のない価値は，たとえば私たちがそれまであたりまえと思っていたものの重要性に気づくときに生じます。ちょうど飲み水が次第に汚染されていくことへの意識が高まるのと似ています。道徳的な価値も多くの場合似たような方法で，私たちがそれまで考えてもみなかった倫理的決定に直面したときに生じます。たとえば，愛する人の死期が迫りその人のケアについて決定を下す際など，おそらく私たちが予想していなかったジレンマに陥るでしょう。そのようなときに私たちは，自分たちにとって何が本当に大切なのかを気づくのかもしれません。

ダーウィンは，人間の道徳的観念は向社会的な脳から生じると理解していました。なぜなら人間の進化は，ほかの人間の存在と関係しているからです。これは道徳と科学においてなぜ意見の一致が必要なのかという理由の一部にもなっています。科学では，研究者のコミュニティによる民主主義的な見解が歓迎されます。食い違う意見も否定されたり切り捨てられたりせず，合意は証拠の積み重ねと根拠のある議論の力によって形成されます。しかしこのシステムの理想に反して，科学的なコンセンサスが得られないこともあります。

科学的なコンセンサスを得ることに失敗する理由は，証拠が不十分であるなどさまざまです。ただし，いつの日か証拠を得ることができるであろうという，理にかなった希望が常にあります。しかし，たとえば妊娠中絶や動物の権利など道徳的なコンセンサスが得られない場合は，特定のキーワードが曖昧であること（たとえば「人」など）と，対象となる存在がどの程度自己を認識できるかという不確かさが組み合わさっている場合が多くあります。私たちの問題解決能力において評価は重要です。倫理的評価はこうした能力の欠かせない部分で，私たちの脳の基本的な活動の一部として生じます。しかし情報が欠落していると，私たちの評価は妨げられる可能性があるのです。

人間の進化は（文化の発達と同様に），さまざまな神経／認知的な事象を特徴としますが，社会的スキルはそうした特徴のほとんどに該当します。発達の最も早期に現れる社会行動の一つは，他者が何を見つめているのか，それに対して何をしているのかを観察することです。私たちの社会的な進化において，社会的な脳は霊長類の群れのなかで日々生き残っていくことと結びついているからです。したがって，社会行動は我々の進化において非常に重要であり，これを間違えると対価は高くつく可能性があります。私たちの種は悪意のある攻撃と圧倒的な破壊をもたらす傾向があるからです。私たちは協力と衝突の両方に備えており，これらはどちらも拡張した皮質組織を反映したものです。そして衝突を和らげようとする者たちの脳では，オキシトシンの発現がより多い可能性があります。ボノボがこの効果の証拠を示してくれるかもしれません。ボノボのれっきとした近縁種でありながら，より攻撃的なチンパンジーによく発現する，バソプレシンの生産と比べてみましょう。

社会的な問題は霊長類の認知能力に行き渡っています。そして側頭葉の領域を含む幅広い脳の領域が，社会的認知のさまざまな側面を追跡し，実行します。私たちの認知的構造でもう一つ基本的なのは，物体に生命があるかつまり意思があるかどうかを感知する能力です。物体に生命があるかそれともないかによって，脳の異なる領域が反応するのです。外側紡錘状回と扁桃体は，生きているものによってただちに活性化します。反面，道具の使用はブローカ野やその他の認知／運動領域に結びついています。とても幼い子供でも，意図されたできごとや偽りの可能性にはすぐ気づきます。社会的接触に結びついた脳の評価システムは，この能力を基礎としており，脳のさまざまな領域がこのプロセスに関連しているのです。他者の意図を理解することは，集団の形成に欠かせない要素なのです。

嫌悪感のしくみ

反感は団結心の裏返しです。ダーウィンは，嫌悪に結びついた顔や身体の表現を説明しました。嫌悪の反応により，生命体は，たとえば傷んでしまった肉など，周囲になじんでいないものを見極めます。人間はこの情報を利用して，他者に対し，自分がそのことを好んでいるか好んでいないかを伝えます。こうした反応の起源は，よく見られる腐った食べ物や，内臓の疾患などに対する基本的な嫌悪感なのかもしれません。人々はそうしたものに対し，最終的にひどく不快になるか，または興味を引かれるようにもなります。

道徳的に不快なものに対する嫌悪感は，接近・回避行動の代表例です。脳神経である味覚神経・内臓神経を含む，前脳から脳幹までにわたる神経系が，この嫌悪感の基礎となっています。私たちが世界を探索するほとんどの方法と同様，物体は快・不快で評価されます。味覚，嗅覚，聴覚，視覚など，関連する感覚器官によってその評価はさまざまです。また，非感覚器官によっても，左右対称かどうかや，構造，秩序などが評価されます。味覚系は，大脳辺縁系のきわめて重要な部分です。口から始まって肛門で終わり，世界には何が存在してものごとがどのように内臓に影響するかの判断に密接に関わっています。味覚の鋭敏さは，倫理的感受性に影響を与えます。

嫌悪もまた，社会的反感の中心的な役割を果たします。原型的な嫌悪は，社会とは関係のない機能に関連しており，人間以外の動物にも現れます。不快感，吐き気，嘔吐は，毒をもつ可能性があるか汚染された食物にさらされたあとに起こります。匂いは明確な適応機能をもちます。人間では，こうした原始的な状況だけでなく，嫌悪とそれに近い種類の感情である軽蔑が，対人関係において明確な役割を果たします。怒りとは対照的に，嫌悪と軽蔑はなかなか消えるものではありません。こうした感情は「粘着」し，嫌悪を覚える対象の属性となる傾向にあり，その対象の評価を極度に下げます。したがって，原始的な形の喜びと社会的結合の基礎となる神経系が，人間どうしの協力という非常に複雑な社会的状況で作動するのと同様に，嫌悪の反応の基礎をつくっている神経系もこうした結合に関連しているのです。残念ながら，人間のすべての集団がこのような汚名を着る可能性があります。したがって，向社会的なものは反社会的にも，そして残酷にすらなり得るのです。

しかし，こうした悪徳も，罪悪感，恥ずかしさ，思いやり，感謝などを含む向社会的な適応の一部なのです。感謝は，代わりに協力，援助，相互関係，修復行動，そして社会への適応を促進します。これらの下位分類である，いわゆる共感的道徳感情（罪悪感，感謝，思いやり）は，愛情の要素を共有し，共感に結びついた行動の中心的な役割を果たすと推定されます。向社会的な行為は，非人道的な行為とときおり関連するにもかかわらず，道徳心の中心を占めるのです。こうした行為は，私たちがお互いのために何をするか，何をする義務があるか，どううまくつき合っていくかを決定するものなのです。

しかし，道徳心を進化で基礎づけることと，道徳心を進化に還元することは同じではありません。道徳心はむしろ，私たちの生物学的なそして文化的な進化の双方が存続していくための道しるべとなるものです。残念ながら最悪の形で現れてしまった無分別な憎しみ，部族主義，そして体系的なレイシズムなど社会的に組織された残虐行為は，嗅覚など古代から存在するシステムに根ざしています。しかし人間の脳は「胸がむかつくような」要素を批判的な目で評価し，それらに抵抗するシステムを発達させてきました。それが，異人種間結婚禁止法の撤廃などの行動につながってきたのです。

残念ながら，私たちのすべてが向社会的な能力を発揮できるわけではありません。神経科学と道徳的判断は，前頭皮質に根ざしています。前頭前野にダメージをもつ人々は，自律神経活動の減退を経験しやすく，この減退が反社会的行動を起こす可能性を増大すると考えられています。前頭葉へのダメージによる影響はほかにも存在する可能性があり，たとえば表情や身体ジェスチャーに対する皮膚コンダクタンス活動や内臓反応の減少などが挙げられます。前頭葉は脳の大部分を占めており，この領域へのダメージやけがが行動にどのように影響するかの詳細は，完全には理解されていません。近年，この問題についての関心が高まったことで，脳，主に前頭葉へのダメージによる後天的な性格の変化についての体系的な研究が再びさかんに行われるようになりました。そうした研究によって，この領域に問題があることで起こる変化とこの領域の健康的な機能について，より多くの情報が得られるかもしれません[1]。

友情や忠誠心といった向社会的な価値と，それらが呼び起こす性質は，皮質の構造に表現される文化的に形成された情報（たとえば，前頭皮質および側頭連合野に表現される「親しみやすさ」や「友好的な様子」などに関する概念および行動の知識）と大脳辺縁系の回路から生じる親和動機が結びつくことで生じるのかもしれません。こうして親和的経験と，社会的な概念，社会的な知覚，行動結果の予測が相互作用することにより，思いやり，罪悪感，感謝，そして共感といった感情の基礎がつくられるのです。

アメリカの心理学者のジョシュア・グリーンと同僚たちは，fMRIを使用することにより，道徳心のもう一つの重要な側面を調査しました[2]。実験では，健常者である被験者が，負荷の高い論理的思考と葛藤を突きつける道徳的・非道徳的ジレンマを与えられました。道徳的ジレンマは個人的な道徳的ジレンマ（よりひどい惨事を防ぐため，行為者が他人に直接けがを負わせる）と，非個人的な道徳的ジレンマ（行為者は他人にけがを負わせるが，ボタンを押すなどの非直接的な方法をとり，一人を犠牲にして五人を救う）に分けられました。これは複数の人命を救うため，一人を犠牲として列車の前に押し出す「トロッコ問題」として有名です。

一つの実験状況では，このジレンマが差し迫っており，もう一つの実験状況では隔たりがあります。当然ながら，このジレンマは差し迫った個人的な実験状況におかれたほうの被験者にとってより難しく，この意思決定の一つの重要な側面が接触であることを示しています。差し迫った条件で活動が示された脳の領域には，扁桃体のほかに前頭回，後帯状皮質，側頭葉・頭頂葉の領域が含まれます。ほかの状況においてもこれらと同じ領域が活性化するので，道徳心だけに非常に重要なわけではありませんが，より大きな部類の社会的状況に関連しているのです。しかしこの実験からは，一般的な接触が大切だということは説明がつきます。つまり，具体化した経験，他者への配慮，他者の経験が私たちにもたらす影響のすべてが，私たちの道徳的意思決定には不可欠だということです。

道徳的判断のさらに重要な問題に取り組んだ実験もあります。こうした問題には，感情の覚醒の影響，肉体的危害，反応速度，意味内容，認知的負荷，葛藤，意図，結果か手段か，感情の抑制，正義に基づくか配慮に基づくかなどが含まれます[3]。ジョシュア・グリーンらによるもう一つの研究では，認知的負荷が高ければ高いほど，功利主義的な（複数の人命を救うことを重視する）推測が抑制されることが示されています[4]。これは時間と，状況の複雑さ，そして認知制御の要求が判断に影響することを示しています。

これらの研究は，道徳的判断と感情の神経基質に関する私たちの知識を広げてくれました。しかし，こうした機能的画像技術の大幅な進歩にもかかわらず，皮質下および辺縁系の構造が道徳心に果たす役割ははっきりしないままです。これは以下の二つの理由で説明がつきます。技術的な限界（fMRIは本質的にこれらの領域の活動を検知するには精度が低いこと）と，人間の道徳認識における特定の皮質下／辺縁系と皮質の領域の関係について信頼のおけるモデルと詳細な知識が欠けていることです。葛藤が大きいほど，またおそらく適切な条件と呼ばれるもののなかに考慮すべきシナリオが多いほど，反応時間が長くなるのです。

哲学者たちは長年，どのように道徳的人格が発達するのか疑問をもち続けてきました。一般的に，脳は生まれたときから引き返せない道を進んでいるわけではないと仮定されています。アリストテレスは，私たちは若いとき，自分たちが関係を築こうと選んだ人物たちによって価値観が形づくられるので，賢明に相手を選んだほうがいいと強調しました（そして彼は，私たちにはその自由があると信じていました）。それが真実なら，脳自体も修正できるに違いありません。19世紀の終わり頃，哲学者で心理学者のウィリアム・ジェームズは，神経可塑性の概念の形成に貢献しました。彼いわく，脳の回路は「ある影響に屈してしまうほど弱いが，一度には屈しないほど強い」ということです[5]。しかし，成人の脳の変化に関する考え方は，神経組織を染色することを含むさまざまな証拠が多数集まるまで，激しい議論の的となりました。

機能の可塑性をとらえる方法の一つは，遺伝子調節を研究することです。たとえばRNAのヒストン修飾と，RNAスプライシング，RNAのエディティングなどです。最高で40％のゲノムが，変化する可能性のある転移因子に結びついています。この能力は，記憶と学習のために脳の領域が樹状突起の再形成をすることの構造的・機能的な基礎となります。海馬組織を再形成するプロセスは生涯続くもので，学習と記憶の機能の継続には不可欠です。副腎ステロイドは脳に浸透し，海馬に結合します。糖質コルチコイド（コルチゾールなどを含む）ホルモンは，身体の維持と安定性に大きく貢献するステロイドです。コルチゾールのようなステロイドは，脳を含む身体組織に対し，ゲノムおよび非ゲノムの影響を与えます。その一つは，遺伝子調節と遺伝子発現を誘導することです。より即効的なステロイドの影響は，細胞膜組織に対して表れます。作業記憶と学習には遺伝子調節と遺伝子発現の両方がとても重要です。また，細胞内・細胞外の信号システムも多数存在し（内在性カンナビノイド，興奮性アミノ酸，そして脳由来の神経栄養因子を含む），これらの事象の基礎を形成します。そのうちのいくつか，たとえばカンナビノイドのようなものには，即効性のある細胞膜に関連する事象または非ゲノム事象が含まれ，その他のもの，たとえば脳由来の神経栄養因子などには，ゲノム事象またはより遅効性の事象が含まれます。

神経科学者のエリザベス・グールドやジョー・ハーバート，神経内分泌学者のブルース・マッキーエンほか多くの研究者が明らかにしたように，神経組織を再構築し維持することは，さまざまな神経領域で生涯にわたって起こる事象です[6]。ニューロン形成（脳の選択領域で，神経刈り込みを経て起こる新しいニューロンの成長）は，神経組織の拡大および縮小の基礎をつくります。扁桃体は脅威下で拡大し，海馬はPTSDやうつ病の発作で縮小します。脳由来の神経栄養因子のような情報分子も，変化に関わっています。これらは社会行動を含む，私たちのすることすべての基礎となるのです。

経済的に貧しい環境，またはその逆に恵まれた環境は，脳に深刻な影響を与えます。こうした影響は決して小さい結果に終わりません。後生的な神経の変化は，生涯にわたって起こるのです。特に発育の初期はほかの時期よりも重要です。恵まれた環境では，外側扁桃体の肥大が減少します。外側扁桃体の肥大は，ストレスが多く，過酷な環境にあるときに起こる可能性があり，コルチゾールの上昇と相関するのです。このことはかなり昔から知られていましたが，貧困やその他の環境的要因が脳を消耗させる影響をもつという情報を神経科学がもたらしたことにより，教育に新たな力が加わったのです。この知識は，たとえば幼児教育への資金提供など，こうした影響を踏まえてどのように公共政策の優先順位が決定されるべきかについて理解を促してくれます。大人による支援など肯定的な形の社会的接触は，コルチゾールの水準を改善することができるのです。

集団の形成

連携と集団の形成は，人間の生活の基本です。私たちは気軽に，そして正当な理由で，グループをつくります。なぜなら一般的な霊長類は，孤立した個体でいるより，集団でいたほうが生存率が上がるからです。私たち人間は世界にしっかりと足場をつくるため幼若期が長く，そのため社会的な結びつきは複雑で入り組んだものになります。そのなかには階層を越えた交流と，さまざまな度合いの心理的かつ肉体的な親密さが含まれます。

いい換えれば，社会的能力が乳児と成人の生存に結びついているのです。幼い人間の子供と，同じくらいの能力をもつ霊長類とを比較すると，物理的な問題に対する対処の仕方は似ていて，どちらも発達の初期段階にあります。しかし社会的な問題解決方法は非常に異なり，そこに人間の発達の多くが凝縮されています。つまり，脳の大きさと複雑さ，そして社会的接触は，新皮質の拡大に一貫して結びついているのです。食肉類でも霊長類でも，社会的連合が大きいほど皮質の拡大が大きくなります。このことが脳の新皮質領域のほとんどの領域にあてはまります。

かなり以前に，社会ネットワーク分析という分野により，ソシオグラムが開発されました。これは人間関係を地図のように描き出した図で，個人間の対人選択と拒絶を表し，基準はいくつあってもかまいません。一度理解すれば，ソシオグラムのパターンはさまざまな目的に使えます。たとえば，孤立している人々をよりよく社会生活に溶け込ませる方法を見つけるためや，製品を売る手助けをする「オピニオンリーダー」を探すため，プロパガンダに関するインフルエンス・キャンペーンを行うためなどです。昔の計量社会学者は，比較的少人数のグループのソシオグラムを苦労して手描きでつくる必要がありましたが，そうしたネットワークは今ではソーシャルメディア・プラットフォームにより定期的に，多くの場合リアルタイムで，数えきれないほどの対人選択の観点から生み出されています。

神経科学者の会議も，ほかの人間のシステムとまったく変わりません。一般的な大人数の会合と同じく，何千人もの参加者が集まるミーティングにはさまざまな社会的関与，連合，そして研究室どうしの競争が関係してきます。それだけではなく，どの講演者がどのセッションに登場するかや，巨大なコンベンションセンターのどこにトイレや軽食堂があり，どのように行けばよいかなどを知らせてくれる，ダウンロード可能で便利な携帯電話のアプリケーションまでついてきます。協力関係を築いたり，途方もない広さの展示ホールで道を探したりすることは，私たちの社会的関与において，決してささいなことではありません。コンベンションセンターの端から端まで歩き，次の講演に時間通りにたどり着くのは大変なことです。脳を調べるさまざまな方法を，心理機能の脳内基盤を検討する科学に活用する作業はもっと大変です。しかし学会や同僚との素敵なディナーが開かれるのはそのためなのです。

ほかの人間の事象と変わらず，神経科学の学会も文化的選択の一場面であり，アイデアの闘争（多くの場合，人格どうしの闘争とあまり区別がつきませんが）が起こる場所です。文化的選択とは進化の一形態で，交流，人脈づくり，握手，再版本の交換，データに関する推測，飲酒，食べすぎ，ゴシップ話，研究助成金の交渉，契約などのすべてを通して存続するものです。理論的には，ある研究分野において追試され注目され理解されたアイデアは，いろいろな学会において存在感を示すでしょう。文化的選択というプロセスのなかにあるこのアイデアの闘争は，いつも品のよいものになるとは限りません。科学的な闘争は多くの場合，さまざまな種類の衝突を基本としています。このような衝突がダーウィン的淘汰の形態へ導き，ブレイクする科学と，好意を得る科学者を決定づけるのです。しかし有名な話ですが，ダーウィン（そしてロシアの革命家ピョートル・クロポトキン）は，偽りや偏見，改ざん，そして人間の論理的思考には限界があるにも関わらず，協力が私たちの進化の基本的特徴だと強調しました[7]。科学において，協力は闘争と同じくらい重要です。なぜなら我々はお互いから学び合い，新しいアイデアを育てていかなければならないのですから。神経科学のほとんどの研究室に足を踏み入れてみれば，シラミをとるオランウータンの一族と偶然とは思えない類似性で，若い研究者が年上の研究者から学んでいます。学習や前進，そして古いアイデアを詳しく説明することは，お互いの協力と関与をともなうのです。

幼い子供と，霊長類のなかでも人間の近縁種は，物理的な問題に対しては似たような解決法を発達させます。しかし，社会的な問題の解決の仕方は大きく違い，ここに人間の発達の多くが濃縮されています。脳組織が増大したこと，部位どうしのつながり，そして神経ペプチドと神経伝達物質の生産により，皮質の拡大が起こります。脳組織量は，社会環境で計算し繁栄していく能力を反映しています。いい換えれば，脳の大きさ，複雑さ，社会的接触は，一貫して新皮質の拡大に関連しているのです。

集団の大きさも，霊長類（サル，類人猿，人間）で一貫して脳の拡大に結びついています。食肉類と霊長類の両方において，連携が大きいほど，脳も大きくなります。この原則が，脳の新皮質領域のほとんどにあてはまります。連携という共同の社会的能力は，脳の領域の発現と拡大に結びついているのです。革新的な道具の使用も，同様に脳を拡大させます。そして当然ながら，新皮質の拡大も，偽りの行動に関連しています。偽りは一般的に霊長類の行動の特徴ですが，同様に信頼や予測に基づく凝集性や結果の期待も霊長類独特のものです。

集団のなかで誰が何をしているかを追跡することは，社会的交流の基礎となる認知的作業です。私たちの社会的進化において，向社会的な脳は，霊長類の集団のなかで日々生き残っていくことと結びついているのです。言語，道具の使用，器用に運動できること，両眼視，そして社会的身づくろいは，脳が社会的に進化した結果です。霊長類のほとんどで，背側と腹側の視覚神経経路が事象の場所と意味を処理して，行為をまとめ上げています。

人間の新皮質は，最も近縁種であるボノボやチンパンジーよりもかなり大きく，そして私たちの進化は向社会的な能力と密接に結びついています。自閉症などの社会的機能の異常による非適応的な結果を見れば，この中心的な機能の重要性は明らかです。ヒト科の進化において，集団が大きくなるにつれて，皮質領域は拡大しました。より新皮質の進化と機能に密接に結びついている扁桃体外側部も，社会の複雑性に関連して同様に拡大したのです。

科学における仮説の形成は，大真面目なものに思われがちですが，実はその下に遊びが隠れています。遊ぶという行為は，ただ楽しみのために行われるのではありません。アイデアで遊んだり，退屈な実験や失敗をしたり，何かがうまくいったときに興奮したり，さらに重要なこととして何かを確実に再現することは，子供の遊びにも共通するテーマです。多くの我々の近縁種において，幼い子供が生き残れるかどうかは，遊びによって培われる社会性と結びついています。少なくとも，天才アルバート・アインシュタインが自分の能力を使って夢中になった有名なものは，「思考実験」と呼ばれる心理的な遊びで，深い洞察を身につけるのに役立ったようです。しかしアインシュタインは優秀だったため，一人で遊んだ結果が他者に理解不能であれば意味がないと考え，アイデアで遊ぶときはルールを工夫し，彼の精神の砂場で他者も遊べるようにしました。結局，アインシュタインの脳も人間らしく，非常に向社会的だったということです。

社会的接触も神経的／行動的な自己調整の一形態です。私たちは必要なもの，欲しいもの，知りたいこと，そして助けを求めたいことに手を伸ばしますが，こうしたことのすべてが脳の自己調整を活性化します。社会的接触は私たちの内部状態にとって欠かせないものです。極度に活動的になった扁桃体は，安心できる社会的接触によって改善することがあります。神経環境の調節は，安全，安心，そして一貫した社会的接触がもたらす推測可能な信頼性によってできるようになるのです。霊長類の進化において，社会的側面はさまざまな情報分子に直接影響を与えます。たしかに，霊長類の身づくろい行動で示される「社会的な友情」は，ストレスに関係するコルチゾールを潜在的に危険なレベルから下げることが研究により示されています。したがって，社会的な安定性と社会的な予測が，皮質から皮質下までの多くの脳の領域における調節の鍵となっているのです。社会的環境のなかで舵とりをするために，脳はたくさんのニューロンをつぎ込みます。これは社交的であることが生き残りの基本である証拠です。

プラスチックのブロックを積み上げて遊ぶことから，橋の建設，科学的理論の立案まで，あらゆる問題解決は欲求によって駆り立てられます。解決法が手近にあるとき，私たちはジョン・デューイが完了経験と呼ぶものを楽しんでいます。脳の情報分子は，脳によって調整されるさまざまな社会的行動や問題解決行動に関連する欲求経験および完了経験の基礎となります。完了経験は好奇心，渇望，または願望の実現と結びつく事象です。私たちの経験における「検索モード」は，好奇心を満たすことや，問題を解決する必要性に結びついているのです。満足感も，問題のあるものごとの解決と結びついています。

バソプレシンのような情報分子とその処理神経回路は，そうした事象の基礎となり，神経科学の調査・発見をするうえでの構成要素となっています。それらは脳の社会的信号システムの一部で，たとえば神経ペプチドは社会的接触の基礎となります。神経伝達物質は，そのほかの信号システムの一つです。セロトニン受容体の一タイプは，社交的であることすなわち社会的アプローチに一貫して結びついています。行動的に引っ込み思案で恥ずかしがり屋の子供は，新しい事象に反応して扁桃体の活動が増加し，セロトニンとドーパミンの受容体サブタイプも独特です。神経伝達物質セロトニンの遺伝子発現の変化も，反社会的で報復的な行動と一貫して結びついています。

問題解決は社会的な行動です。完全に孤立した発明家や創作家など伝説にすぎません。他者を観察しそこから学ぶことは，人間だけでなく数多くの哺乳類にとって重要なことです。たとえば雑食性のラットは，ほかのラットを見て食習慣を学びます。当然，脳のさまざまな領域のニューロンは，同種他個体の動きやメンバー構成を正確に反映することができます。この基本的な準備によって，個体は他者の行為を反復することができ，生涯続く学びの世界に足がかりを得ることができるのです。前帯状皮質はこうした事象に必要な基本的な接近・回避行動や意思決定に結びついています。

言語は，人間の社会化の鍵となるもう一つの特徴です。言語の誕生は，冗談やゴシップ話を分かち合うという単純で欠かせない能力（私たちの向社会的な脳によって可能になった中心的な機能です）も含め，私たちの種のすべてを変えました。私たちの生活のほぼすべての側面が言語に支配されており，言語は人間の成長と進歩の鍵となるツールとなっています。言語があることによって，それぞれの個人がもつさまざまな能力がモザイクのように組み合わされた世界で，ともに進化することができるのです。小さな集団のなかで他者とつながることで，人間は時を超えて発見をし，考えを分かち合ってきました。それが今私たちが文化と呼ぶものにつながったのです。科学として知られる特別な形の文化もそこに含まれます。言語の使用と運動発現の間，そして構文と構文論的順序づけの基盤にあるさまざまな脳領域の間には，それぞれさまざまな機能的つながりがあります。

社会的な問題

自閉症は，機能の問題を反映した障害の一つです。この障害は社会的接触から身を引くこと，他者の一般的な興味を理解する能力がないこと，そして効果的なアイコンタクトを交わすことに支障があるなどの問題を抱えています。対照的に，遺伝子欠失であるウィリアムズ症候群を患う人々は並外れて外向的で，社会活動にも積極的です。彼らもまた，通常の生活に欠かせない分野において知的障害をもち，脳の最も外側の層の皮質量に全体的な減少が見られる傾向があります。この新皮質の問題は，顔の表情や，抑制の減少に結びついています。ウィリアムズ症候群では，社会的規制に結びつく二つの情報分子であるオキシトシンとバソプレシンの両方に変化が見られます。オキシトシンのような向社会的な情報分子は，ウィリアムズ症候群をもつ人々では多く，自閉症の人々では少ない傾向があります。したがって，一つの状態が誇張された向社会的な行為であり，もう一つが社会的接触の減衰なのです。二つのグループの主な違いは，脳の表現型特性を反映したものになります。脳の質量は自閉症のほうが大きいですが，大きさにはあまり期待できません。しかし，一般的にいってウィリアムズ症候群の患者は側頭葉の領域が大きいのです。健常な人と比べた場合，小脳は普通で，脳幹は縮小しています。

ウィリアムズ症候群は，社会的能力が，健常群のもつほかの認知/神経機能という文脈のなかに存在することを示しています。個人によってかなりの差はありますが，ウィリアムズ症候群の人々のIQは，一般的な人々のIQより低い傾向があります。彼らの空間認識能力は非常に低下していますが，卓越した言語能力をもっている場合があります。「腹側経路」と呼ばれる側頭葉の領域は，社会的意義の符号化に不可欠ですが，この部分がまったく損なわれていないのです。扁桃体を含む側頭葉のより背側の経路が，組織化された行為を符号化し，事象の意味を判断することを可能にします。

向社会行動には，20から30の遺伝子または特定の遺伝子のセットが関係します。これらの一つに異常があると，ウィリアムズ症候群になる可能性があります。特定の遺伝子のセット（たとえば*GTF21*など）は，島皮質の質量と，扁桃体などの領域の結合性に影響を与えます。ほかの遺伝子（たとえば*LIMK1*と*CL1P2*など）は，神経の発達と成熟に不可欠で，7q11.23染色体の半接合欠失と同様，ウィリアムズ症候群にも関係しています。

興味深いことに，アイコンタクトは，個体発生の初期においては男性よりも女性に顕著で，自閉症は女性よりも男性に多く表れる傾向にあります。アイコンタクトはほとんどの霊長類では威嚇の兆候です。しかし私たち人間にとって，接触を分かち合うことは自分たちと一緒に進化したものであり，アイコンタクトは攻撃的な行動と直接には結びつきません（もちろん威嚇ととられることもありますが）。また同時に，私たちはまっすぐ目を見てくれない人物に不信感をもつ傾向にあります。

そして最後に

この章では，本書全体を通して我々が伝えようとしてきたテーマに光をあてました。それは社会環境による支配です。私たち個人の幸福は，他者と分かちがたく結びついています。この社会的状況では，人間的意味と他者との接触が，私たち個人の幸福と，社会的な連帯の尺度となっています。一人でいるとき，散歩中に夢想にふける能力にも，18世紀に活躍した哲学者のジャン＝ジャック・ルソーが美しく表現したように，社会的な基礎が必要となります[8]。人間的意味は，さまざまな形の社会的接触のなかに存在し，生涯続くのです。

そして，人間の脳の大部分を社会的脳が占めています。新旧の皮質のすべてが含まれ，私たちが社会的空間を旅し，道徳が複雑に絡み合い，いさかいがほとんど絶えない空間に足を踏み入れる限り，能力と決定をもたらすために常に符号化しています。私たちの人生は17世紀イングランドの哲学者トマス・ホッブズの時代と同様，いまだにひどいものですが，当時ほど野蛮ではなくなり，寿命もやや延びました。実際，ホッブズが推測したより一生ははるかに長くなり，多くの人にとってよりよいものになりました。もちろんすべての人にとって同じではありません。カナダ出身のアメリカの実験心理学者スティーブン・ピンカーなど，進歩を強調する人もいますが，スコットランド出身の歴史家ニール・ファーガソンのように，そのリスクについて警鐘を鳴らす人もいます[9]。

筆者である我々は本書の冒頭で，脳をある一つの特性に単純化しないと宣言しました。しかし，向社会的な脳に関する章で執筆を終えることになります。我々にとって，これは避けられないことでした。私たち人間の社会的な性質は，道徳的な評価と，私たちが表現し育み尊重する行動のための舞台を，文化とともに設定します。脳には道徳的な評価と行動のための特別な回路はないのかもしれません。しかし向社会的な行動は，私たちの種の機能の特徴です。真実を述べることは，私たちの脳内でほかのさまざまな動機と競い合いますが，向社会的な感受性が，最終的に私たちが常に誠実さにかなり近いところまでくるという事実の基礎となっています。完全に正直とはいえない私たちの傾向を正すことにより，科学と呼ばれる共有空間の基礎がつくられるのです。

ほかの一般的な人々と同様，科学者も社会集団を形成する運命にあります。はじめは子供の頃の小さな集団ですが，やがて研究室を運営し，部門会議に出席し，同僚とおしゃべりするようになると，より大きな集団をつくります。私たちは比較的脳が大きい傾向にあり，私たちの脳は消化管まで拡張しています。脳も消化管も，向社会的な感受性に関係しています。科学的研究は，この状況のなかで行われているのです。

アメリカの科学史家であるスティーブン・シャピンは，真実の収集の社会的歴史と，17 世紀にイギリスで活躍したアイルランド出身の科学者ロバート・ボイルに見られる実験的姿勢の根源についてまとめました[10]。私たちに関することすべてに人間の社会的な性質が満ちていますが，同様に神経科学にもそれが満ちています。神経科学のもう一つの特徴は，理論よりも技術や可能性を追求した科学実験を扱うことです。この章では，さらに大きい社会的環境を映しだすため，人間の種としての社会的傾向について強調しました。社会的適応性と社会的能力が，私たちの進化の中心にあるのです。

私たちの脳は他者と日常的に行うやりとりに根ざしています。当然ながら，私たちの脳の多くが何らかの形で社会的知識または記憶や能力に結びついています。科学史家，特に20世紀に活躍したアメリカのトーマス・クーンは，晩年の研究においてしばらくの間，「私たちが種として生活するすべての概念的・現実的空間において，生物学と文化は出会う」と説いていました。私たちがお互いに取り引きする場所は，社会的環境をおいてほかにありません。彼のこの説はそのことを明白に表しています。脳についての研究は，それを明らかにするものです。

脳の社会空間は，探索，調査，発見のツールで満たされています。こうしたツールにより，私たちは情報分子の生産を基礎づくる遺伝子や，神経組織におけるそれらのエピジェネティクスすなわち可塑性を解析できます。このことは私たちの社会的欲求に大いに表現され，自己犠牲や自己防衛という形で表れます。私たちは，自分が個人だと思っていますが，実際は協力し合って働くように設計されており，社会的協働に向けた進化の流れや共通の意思決定に向けた神経発達の傾向を明らかにしてきました。ダーウィンとデューイは，道徳的な風景が紡がれる広い社会空間を強調しました。私たちの種としての成功は，私たちが社会的環境を教育学，社会的・環境的な発展，そして人間の尊厳に結びつけるような働きかけによるのです。種全体で行うこの努力は，常に脆弱なものでした。しかしその努力は今，脳の研究，つまり私たち人間の脳，近縁種の脳，そして種としてはかけ離れてはいるものの地球にともに生息している生き物の脳の考察のなかにもあてはめられたのです。

小さな集団の社会的一体性を促進するようにつくられた神経器官は，大きな集団に合わせて拡大しました。私たちは他者に結びつけられているのです。脳の内部，私たちが許したり許さなかったりするもの，賛成したり反対したりしているものを調査することは，窓から自分たち自身をのぞきこむようなものです。重要なのは，神経科学の研究は国境を越え，より大きな研究者のコミュニティへ向けて広がっていることです。私たちが自分自身の神経機能を研究しているとき，それは人類全体に結びつけられ，系統学的な過去にも結びつけられるのです。

人は一人で生きているのではありません。それは神経科学者も同じなのです。

あとがき
「決定版ではありません」

本書では，神経科学における数多くの発見や問題のなかの，ほんの一部分に光をあてました。興奮と警告の両方のバランスがとれた見解を提示しようと努力したつもりです。我々は自分たちも身をおいているこの時代の神経科学にわくわくしていますが，脳についての新しい知識を得ること，そして必ず遭遇する倫理的な問題という，先に待ち構える困難な道のりについて，両方とも控えめに書きたくはありませんでした。さらに我々は，神経科学の考察を，脳全体という状況におきたかったのです。特に生物学的・文化的双方における進化という状況のなかにです。

ラルフ・アドルフスは，神経科学における未解決の問題のいくつかを，下記のようにまとめました[1]。

1. 現在解決されようとしている問題，たとえば神経系の構造と機能，または計算式など。
2. 今後50年くらいの間に解決できるであろう問題，たとえば回路の組織，コネクトーム（神経回路マップ）の生体内における明瞭性，部位特異的およびニューロン特異的な組織の脳全体マップ，脳の意思決定など。

3. 解決法が見つかるのがかなり先になりそうな問題，たとえば脳の多様な計算システムとそれらの相互作用，および行動の表現など。
4. 私たちが解決できそうもない問題，たとえば脳が正確にはどうやって計算しているか，または特定の，および一般的な能力の設計原理，そして解決法のないまま長引きそうな大きな問題など。

我々は本書の冒頭で，脳は頭のなかだけにあるのではなく身体全体を通して表現され，また環境および社会環境のなかでの神経の相互作用においても表現されると注意を呼びかけました。事象を評価する際，脳は心臓や消化器官，その他の末梢系にまで活動範囲を広げます。アリストテレスは心臓を考えるための器官と勘違いしましたが，それはおそらく心臓が事象に対する反応を劇的な方法で示すように思えたからでしょう。その後，心臓は感情と一体であることがより厳密に判明し，考えとは切り離されました。しかし，隠喩的にいっても，心臓が一方にあって脳が他方にあるわけではありません。心臓と脳にはあらゆる種類の情報分子が存在し，両方を管理しています。迷走神経は心臓へまた心臓から直接信号をやりとりし，私たちの行動をまとめ上げ，自分が存在する世界の意味を理解することができるようにしています。それよりも広い環境を理解するためには，身体が四肢を触手のように伸ばします。我々の考えだしたエピニューロミクスの概念は，神経科学を理解するためのより大きな環境，脳が機能することを支援し，そしてそれがなければ脳がそもそも生まれなかった環境について強調しています。

要するに，脳の研究とは私たち自身についてや，私たちが知識を得る努力，私たちが理解し，何かを成し遂げ，繁栄することについての研究なのです。その意味で，脳の実験的研究は特別なものです。脳はほかの臓器とは違います。むしろ，脳に重点的に焦点をあてることによって，どのくらい多くの脳内物質が，人間が人間であることを決定づけているかが示されるのです。有限性，悲劇，そして喜劇など，人間の経験に本質的な価値があると信じる人々は，状況のなかにある脳に感謝するべきなのです。

謝辞

ジェイ・シュルキンは，エリオット・ステラーとジョージ・ウルフを追悼し，ここに感謝します。賢い神経科学者であり，よき指導者でした。そして，亡くなったその他多くの同僚たちにも。何人かは，はるか昔にこの世を去りました。また，生きている多くの神経科学の同僚たちにも感謝を捧げます。多すぎて書ききれません。そのうちの数人，ケント・バーリッジ，ハーベイ・グリル，ジョー・ハーバート，ジョー・ルドゥー，ブルース・マッキーエン，ラルフ・ノルグレン，ジェフ・ローゼン，ラリー・スワンソン，ピーター・スターリング，そしてここには書いていない多くの方々に。彼らとともに神経科学に携われたことを本当に幸運に感じています。ジョナサン・D・モレノはジョン・J・マクダーモットを追悼し，ここに感謝します。現代神経科学の祖父ともいえるウィリアム・ジェームズの仕事，そして少年時代に哲学の師となったピーター・カウズ，リチャード・S・ルドナー，そしてイブリン・U・シャークに出会わせてくれたことに。

ここ数年，このプロジェクトは我々に実りある対話をもたらしてくれました。そして，この二人を常連客とした，地元ワシントンDCのとあるベーカリー兼コーヒーショップも。我々は特に編集者であるエリック・シュワルツに大変感謝しています。我々がこれまでとは違った脳についての本が書けると確信をもってくれたことに対して。二人の伴侶はそれぞれ，この本について語れる誰かを提供したことについて，我々に感謝してくれていることでしょう。でも我々のほうが彼女たちに感謝しているのです。我々の子供たち，二人が二組，彼らはまた一冊受け継がなければならない本が増えました。

我々二人とも，ペンシルベニア大学に深い縁があります。ジェイは同大学の卒業生で，かつて教職員でした。ジョナサンは現在教職員を務めています。本書を，支えとなってくれた多くの同大学の友人たち，同僚たちに捧げます。

注

はじめに

1. Human Brain Project, "Analysing the Brain with Atlases," accessed May 27, 2019, https://www.humanbrainproject.eu/en/explore-the-brain/atlases; Howard Hughes Medical Institute, "Epigenomic Map of the Developing Brain," July 4, 2013, https://www.hhmi.org/news/epigenomic-map-developing-brain.
2. McCulloch, W. S. (1965). *Embodiments of Mind*. Cambridge, MA: MIT Press.
3. Neurath, O. (1944). *Foundations of the Social Sciences*. Chicago: University of Chicago Press.

第 1 章　電気と脳

1. Nishimoto, S., A. T. Vu, T. Naselaris, Y. Benjamini, B. Yu, and J. L. Gallant. 2011. "Reconstructing Visual Experiences from Brain Activity Evoked by Natural Movies." *Current Biology* 21 (19): 1641-1646.
2. Kosfeld, M., M. Heinrichs, P. J. Zak, U. Fischbacher, and E. Fehr. (2005). "Oxytocin Increases Trust in Humans." *Science* 435, 673-676.
3. Toyama, K., S. Matsumoto, M. Kurasawa, H. Setoguchi, T. Noma, K. Takenaka, A. Soeda, M. Shimodozono, and K. Kawahira. 2014.

"Novel Neuromuscular Electrical Stimulation System for Treatment of Dysphagia After Brain Injury." *Neurologia medico-chirurgica* 54 (7): 521-528.

4. Delgado, J. (1971). *Physical Control of the Mind: Toward a Psychocivilized Society*. New York: Harper and Row.
5. Osmundsen, J. A. (1965). " 'Matador' with a Radio Stops Wired Bull: Modified Behavior in Animals Subject of Brain Study." *New York Times*, May 17, 1965.
6. Gross, C. G. (1998). *Brain, Vision, Memory: Tales in the History of Neuroscience*. Cambridge, MA: MIT Press.
7. Rauschecker, J. P., and S. K. Scott. (2009). "Maps and Streams in the Auditory Cortex: Nonhuman Primates Illuminates Human Speech Processing." *Nature Neuroscience* 12: 718-724.
8. Flynn, J. P. (1972). "Patterning Mechanisms, Patterned Reflexes, and Attack Behavior in Cats." *Nebraska Symposium on Motivation* 20: 125-153.
9. Valenstein, E. (1973). *Brain Control*. New York: Wiley.; Berridge, K. C., and E. S. Valenstein. (1991). "What Psychological Process Mediates Feeding Evoked by Electrical Stimulation of the Lateral Hypothalamus?" *Behavioral Neuroscience* 105 (1): 3-14.
10. Valenstein (1973).
11. Valenstein (1973).
12. Berridge, K. C. (2019). "Affective Valence in the Brain: Modules or Modes?" *Nature Reviews Neuroscience* 20: 225-234.; Berridge, K. C., and T. E. Robinson. (1998). "What Is the Role of Dopamine in Reward: Hedonic Impact, Reward Learning or Incentive Salience?" *Brain Research Reviews* 28: 309-369.; Berridge, K. C., J. W. Aldridge, K. R. Houchard, and X. Zhuang. (2005). "Sequential Super-Stereotypy of an Instinctive Fixed Action Pattern in Hyper-Dopaminergic Mutant Mice: A Model of Obsessive Compulsive Disorder and Tourette's." *BMC Biology* 3: 4.
13. Sanford, C. A., M. E. Soden, M. A. Baird, S. M. Miller, J. Schulkin, R.

D. Palmiter, M. Clark, and L. S. Zweifel. (2017). "A Central Amygdala CRF Circut Facilitates Learning About Weak Threats." *Neuron* 93 (1): 164-178.

14. Valenstein (1973); Valenstein, E. (2006). *The War of the Soups and the Sparks: The Discovery of Neurotransmitters and the Dispute Over How Nerves Communicate.* New York: Columbia University Press.
15. Cajal, S. R. ([1906]) 1967. "The Structure and Connexions of Neurons." In *Nobel Lectures: Physiology or Medicine, 1901-1921*, 220-253. New York: Elsevier.
16. Golgi, Camillo. (1906). "The Neuron Doctrine: Theory and Facts." Nobel lecture, December 11, 1906.; Cajal, S. R. ([1906]) 1967. "The Structure and Connexions of Neurons." In *Nobel Lectures: Physiology or Medicine, 1901-1921*, 220-253. New York: Elsevier.; Sherrington, C. S. ([1906] 1948). *The Integrative Action of the Nervous System.* New Haven, CT: Yale University Press.
17. Valenstein (2006).
18. Cannon, W. B. ([1915] 1963). *Bodily Changes in Pain, Hunger, Fear, and Rage.* New York: Harper and Row.
19. Miller, N. E. (1957). "Experiments of Motivation: Studies Combining Psychological, Physiological, and Pharmacological Techniques." *Science* 126: 1271-1278.; Miller, N. E. (1965). "Chemical Coding of Behavior in the Brain." *Science* 148: 328-338.
20. Koob, G. F., and M. LeMoal. (2005). *Neurobiology of Addiction.* New York: Elsevier.
21. Farah, M. J. (2018). "Socioeconomic Status and the Brain: Prospects for Neuroscience Informed Policy." *Nature Reviews Neuroscience* 19: 428-438.

第2章　脳をつくる

1. Sterling, P., and Laughlin, S. (2015). *Principles of neural design.* Cambridge, MA: MIT Press, 51.

2. Gibson, D. G., J. I. Glass, C. Lartigue, V. N. Noskov, . . . J. Craig Venter. 2010. "Creation of a Bacterial Cell Controlled by a Chmically Synthesized Genome." *Science* 329 (5987): 52–56. DOI:10 .1126/science.1190719.
3. EPFL, "Blue Brain Project," https://www.epfl.ch/research/domains/bluebrain/.
4. Vrselja, Z., S. G. Daniele, J. Silbereis, F. Talpo, Y. M. Morozov, A. M. M. Sousa, B. S. Tanaka, M. Skarica, M. Pletikos, N. Kaur, Z. W. Zhuang, Z. Liu, R. Alkawadri, A. J. Sinusas, S. R. Latham, S. G. Waxman, and N. Sestan. (2019). "Restoration of Brain Circulation and Cellular Functions Hours Post-Mortem." *Nature* 568: 336–343.
5. Clark, A. (1998). *Being There: Bringing Brain, Body, and World Together*. Cambridge, MA: MIT Press.
6. Friston, K. J., M. Lin, C. D. Frith, and G. Pezzulo. (2017). "Active Inference, Curiosity, and Insight." *Neural Computation* 29: 1–49
7. James, W. (1899). *Talks to Teachers on Psychology: And to Students on Some of Life's Ideals*. New York: Henry Holt.
8. Chalmers, D. (2003). "Consciousness and Its Place in Nature." In *The Blackwell Guide to Philosophy of Mind*, ed. S. P Stich and T. A. Warfield, 102–142. Malden, MA: Blackwell.
9. Nagel, T. (1979). "What Is It Like to Be a Bat?" In *Mortal Questions*, ed. E. Nagel, 165–180. Cambridge: Cambridge University Press.
10. Wittgenstein, L. ([1953] 1968). *Philosophical Investigations.* New York: Macmillan.
11. McDermott, D. (2007). "Artificial Intelligence and Consciousness." In *The Cambridge Handbook of Consciousness*, ed. P. D. Zelazo, M. Moscovitch, and E. Thompson, 117–150. New York: Cambridge University Press.
12. Dennett, D. (2017). *From Bacteria to Bach and Back: The Evolution of Minds*. New York: Norton.
13. Bostrom, N. (2014). *Superintelligence: Paths, Dangers, Strategies.* Oxford: Oxford University Press.

14. Reynolds, M. 2017. "DeepMind's AI Beats World's Best Go player in Latest Face-Off." New Scientist, May 23, 2017. https://www.newscientist.com/article/2132086-deepminds-ai-beats-worlds-best-go-player-in-latest-face-off/.
15. Silver, D., J. Schrittwieser, K. Simonyan, I. Antonoglou, A. Huang, A. Guez, T. Hubert, L. Baker, M. Lai, A. Bolton, Y. Chen, T. Lillicap, F. Hui, L. Sifre, G. van den Driessche, and D. Hassabis. (2017). "Mastering the Game of Go Without Human Knowledge." *Nature* 550: 354–359.
16. Tegmark, M. (2017). *Life 3.0: Being Human in the Age of Artificial Intelligence.* New York: Knopf.

第３章　進化する脳

1. Dobzhansky, T. C. (1962). *Mankind Evolving: The Evolution of the Human Species.* New Haven, CT: Yale University Press.
2. Lieberman, D. E. (2011). *The Evolution of the Human Head.* Cambridge, MA: Harvard University Press, 317.
3. Herculano-Houzel, S. (2016). *The Human Advantage: A New Understanding for How Our Brains Became Remarkable.* Cambridge, MA: MIT Press.
4. Lilly, J. C. (1967). *The Mind of the Dolphin: A Nonhuman Intelligence.* New York: Doubleday.
5. Hawrylycz, M. J., E. S. Lein, A. L. Guillozet-Bongaarts, E. H. Shen, L. Ng, J. A. Miller, . . . A. R. Jones. (2012). "An Anatomically Comprehensive Atlas of the Adult Brain Transcriptome." *Nature* 489: 391–399.; Hawrylycz, M., J. A. Miller, V. Menon, D. Feng, T. Dolbeare, A. L. Guillozet-Bongaarts,. . . E. Lein. (2016). "Canonical Genetic Signatures of the Adult Human Brain." *Nature Neuroscience* 18: 1832–1842.; Lein, E. S., M. J. Hawrylycz, N. Ao, M. Ayres, A. Bensinger, A. Bernard, . . .A. R. Jones. (2007). "Genome-wide Atlas of Gene Expression in the Adult Mouse Brain." *Nature* 445: 168–176.

6. Paabo, S., H. Poinar, D. Serre, V. Jaenicke-Despres, J. Hebler, N. Rohland, M. Kuch, J. Krause, L. Vigilant, and M. Hofreiter. (2004). Genetic Analyses from Ancient DNA." *Annual Review of Genetics* 38: 645-679.; Paabo, S. (2015). *Neanderthal Man: In Search of Lost Genes*. New York: Basic Books.
7. McClintock, B. (1951). "Chromosome Organization and Genic Expression." *Cold Spring Harbor Symposia on Quantitative Biology* 16: 13-47.
8. Mithen, S. (1996). *The Prehistory of the Mind: The Cognitive Origins of Art and Science*. London: Thames and Hudson.; Mithen, S. (2006). *The Singing Neanderthal: The Origins of Music, Language, Mind and Body*. Cambridge, MA: Harvard University Press.
9. Jacobowitz, D. M. (2006). "The Birth of Neurochemical Maps." *Neurochemical Research* 31: 125-126.
10. Adolphs, R., D. Tranel, and A. R. Damasio. 1998. "The Human Amygdala in Social Judgment." *Nature* 393: 470-474.
11. Richter, C. P. (1952). "The Domestic of the Norway Rat and the Implications for the Study of Genetics in Man." *American Journal of Human Genetics* 4: 273-285.
12. Maclean, P. D. (1990). *The Triune Brain in Evolution: Role in Paleocerebral Functions*. New York: Plenium.
13. Swanson, L. W. ([2011] 2015). *Brain Architecture: Understanding the Basic Plan*. 2nd ed. New York: Oxford University Press.
14. Diamond, A. (2001). "A Model System for Studying the Role of Dopamine in the Prefrontal Cortex During Early Development of Humans: Early and Continuously Treated Phenylketonuria." In *Handbook of Developmental Cognitive Neuroscience,* ed. C. A. Nelson and M. Luciana, 433-472. Cambridge, MA: MIT Press.
15. Schultz, W., K. Preuschoff, C. Camerer, M. Hsu, C. D. Fiorillo, P. N. Tobler, and P. Bossaerts. (2008). "Explicit Neural Signals Reflecting Reward Uncertainty." *Philosophical Transactions of the Royal Society of London, Series B: Biological Sciences* 363: 3801-3811.

第4章　脳の画像化

1. Kanwisher, N., J. McDermott, and M. Chun. (1997). "The Fusiform Face Area: A Module in Human Extrastriate Cortex Specialized for Face Perception." *Journal of Neuroscience* 17: 4302-4311.; Kanwisher, N. (2006). "What's in a Face?" *Science* 311: 617-618.
2. Phelps, E., K. O'Connor, W. Cunningham, E. Funayama, J. Gatenby, J. Gore, and M. Banaji. (2000). "Performance on Indirect Measures of Race Evaluation Predicts Amygdala Activation." *Journal of Comparative Neurology* 12: 729-738.
3. Lein, E. S., M. J. Hawrylycz, N. Ao, M. Ayres, A. Bensinger, A. Bernard, . . .A. R. Jones. (2007). "Genome-wide Atlas of Gene Expression in the Adult Mouse Brain." *Nature* 445: 168-176.
4. Satel, S., and S. Lilienfeld. (2013). *Brainwashed: The Seductive Appeal of Mindless Neuroscience*. New York: Basic Books.
5. Langleben, D. D., J. W. Loughead, W. B. Bilker, K. Ruparel, A. R. Childress, S. I. Busch, and R. C. Gur. (2005). "Telling the Truth From Lie in Individual Subjects with Fast Event-Related fMRI." *Human Brain Mapping* 26: 262-272.
6. Langleben, D. D., and J. C. Moriarty. 2013. "Using Brain Imaging for Lie Detection: Where Science, Law and Research Policy Collide." *Psychology, Public Policy, and Law* 19(2): 222-234.
7. Schacter, D. L. (1996). *Searching for Memory: The Brain, the Mind, and the Past*. New York: Basic Books.; James, W. ([1890] 1952). *The Principles of Psychology*. Vols. 1-2. New York: Henry Holt.
8. Kosslyn, S. (1984). *Ghosts in the Mind's Machine: Creating and Using Images in the Brain*. New York: Norton.
9. Garrett, N., S. C. Lazzaro, and T. Sharot. (2016). "The Brain Adapts to Dishonesty." *Nature Neuroscience* 19: 1717-1732.
10. Horikawa, T., M. Tamaki, Y. Miyawaki, and Y. Kamitani. 2013. "Neural Decoding of Visual Imagery During Sleep." *Science* 340 (6132): 639-642.

11. No Lie MRI, http://www.noliemri.com/.
12. Langleben and Moriarty (2013).
13. Greene, J. D., and J. M. Paxton. (2009). "Patterns of Neural Activity Associated with Honest and Dishonest Moral Decision." *Proceedings of the National Academy of Sciences of the United States of America* 106: 12506-12511.
14. State of Tennessee v. Idellfonso-Diaz,2006 WL 3093207 (Tenn. Crim.App. 2006).
15. Vecchiato, G., L. Astolfi, F. De Vico Fallani, J. Toppi, F. Aloise, F. Bez, D. Wei, W. Kong, J. Dai, F. Cincotti, D. Mattia, and F. Babiloni. (2011). "On the Use of EEG or MEG Brain Imaging Tools in Neuromarketing Research." *Computational Intelligence and Neuroscience* 2011. DOI: 10.1155/2011/643489.
16. Plassmann, H., J. O'Doherty, B. Shiv, and A. Rangel. 2008. "Marketing Actions Can Modulate Neural Representations of Experienced Pleasantness." *Proceedings of the National Academy of Sciences* 105 (3): 1050-1054.
17. NeuroFocus. 2011. "NeuroFocus Announces World's First Wireless Full-Brain EEG Measurement Headset: Mynd™." PR Newswire, March 21, 2011. https://www.prnewswire.com/news-releases/neurofocus-announces-worlds-first-wireless-full-brain-eeg-measurement-headset--mynd-118355014 .html.
18. Neurosense, http://www.neurosense.com/.
19. Hayden, B. Y., J. M. Pearson, and M. L. Platt. 2011. "Neuronal Basis of Sequential Foraging Decisions in a Patchy Environment." *Nature Neuroscience* 14 (7): 933-939.
20. Nave, G., A. Nadler, D. Dubois, D. Zava, C. Camerer, and H. Plassmann. 2018. "Single-Dose Testosterone Administration Increases Men's Preference for Status Goods." *Nature Communications* 9. https://www.nature.com/articles/s41467-018-04923-0.

第5章　脳の工学

1. Anderson, D. (2012). "Optogenetics, Sex, and Violence in the Brain: Implications for Psychiatry." *Biological Psychiatry* 71 (12): 1081-1089.
2. James, W. ([1890] 1952). *The Principles of Psychology.* Vols. 1-2. New York: Henry Holt.
3. Defense Advanced Research Projects Agency (DARPA), "Targeted Neuroplasticity Training (TNT)," https://www.darpa.mil/program/targeted-neuroplasticity-training.
4. Goldstein, K. (1939). *The Organism.* New York: American Book Company.; Davis, M., and P. J. Whalen. (2001). "The Amygdala: Vigilance and Emotion." *Molecular Psychiatry* 6: 13-34.
5. Morgan, M. A., J. Schulkin, and J. E. LeDoux. (2003). "Ventral Medial Prefrontal Cortex and Emotional Perseveration: The Memory for Prior Extinction Training." *Behavioral Brain Research* 146: 121-30.
6. Chung, K., J. Wallace, S.-Y. Kim, S. Kalyanasundaram, A. S. Andalman, T. J. Davidson, J. J. Mirzabekov, K. A. Zalocusky, J. Mattis, A. K. Denisin, S. Pak, H. Bernstein, C. Ramakrishnan, L. Grosenick, V. Gradinaru, and K. Deisseroth. (2013). "Structural and Molecular Interrogation of Intact Biological Systems." *Nature* 497: 332-337.

第6章　セキュリティーと脳

1. Kamienski, L. ([2012] 2016). *Shooting Up: A Short History of Drugs and War.* Oxford: Oxford University Press.
2. National Research Council. 2008. *Emerging Cognitive Neuroscience and Related Technologies*, Washington, D.C.: National Academies Press.
3. Rohde, J. (2013). *Armed with Expertise: The Militarization of American Social Research During the Cold War.* New York: Cornell University Press.

4. Cristakis, N., and J. H. Fowler. (2007). "The Spread of Obesity in a Large Social Network Over 32 Years." *New England Journal of Medicine* 357: 370–379.
5. Falk, E., and C. Scholz. (2018). "Persuasion, Influence, and Value: Perspectives From Communication and Social Neuroscience." *Annual Review of Psychology* 69: 329–356.
6. Chiao, J. Y., T. Iidaka, H. L. Gordon, J. Nogawa, M. Bar, E. Aminoff, N. Sadato, and N. Ambady. (2008). "Cultural Specificity in Amygdala Responses to Fear Faces." *Journal of Cognitive Neuroscience* 20 (12): 2167-2174.
7. *Nature*. (2003). "Silence of the Neuroengineers." Editorial. *Nature* 423: 787. doi:https://doi.org/10.1038/423787b.
8. Eaglen, M. (2016). "What Is the Third Offset Strategy?" Real Clear Defense, February 15, 2016. https://www.realcleardefense.com/articles/2016/02/16/what_is_the_third_offset_strategy_109034.html.
9. Defense Advanced Research Projects Agency (DARPA), "Bridging the Bio-Electronic Divide," https://www.darpa.mil/about-us/bridging-the-bio-electronic-divide.
10. Emerging Technology from the arXiv. 2018. "The First 'Social Network' of Brains Lets Three People Transmit Thoughts to Each Other's Heads." Technology Review, September 29, 2018. https://www.technologyreview.com/s/612212/the-first-social-network-of-brains-lets-three-people-transmit-thoughts-to-each-others-heads/.
11. Pais-Vieira, M., G. Chiuffa, M. Lebedev, A. Yadav, and M. A. Nicolelis. (2015). "Building an Organic Computing Device with Multiple Interconnected Brains." *Scientific Reports 5*: 11869.
12. Devlin, H. (2015). "Monkey 'Brain Net' Raises Prospects of Human Brain-to-Brain Communication." Guardian, July 9, 2015. https://www.theguardian.com/science/2015/jul/09/monkey-brain-net-raises-prospect-of-human-brain-to-brain-connection.
13. Shanahan, John. 2019. "Statement by Lieutenant General John N. T.

Shanahan on Artificial Intelligence Initiatives." Senate Armed Services Committee, Subcommittee on Emerging Threats and Capabilitiess. March 12, 2019. https://www.armed-services.senate.gov/imo/media/doc/Shanahan_03 -12-19.pdf.

14. Moreno, J. D. (2012). *Mind Wars: Brain Science and the Military in the 21st Century*. New York: Bellevue Literary Press.

15. Kissinger, Henry A. 2018. "How the Enlightenment Ends." The Atlantic, June 2018. https://www.theatlantic.com/magazine/archive/2018/06/henry-kissinger-ai-could-mean-the-end-of-human-history/559124/.

第７章　脳を治療する

1. Koob, G. F. (2015). "The Dark Side of Emotion: The Addiction Perspective." *European Journal of Pharmacology* 15: 73-87.

2. James, W. ([1910] 1961). *The Varieties of Religious Experience.* New York: Collier.

3. Schaffer, A. (2006). "It May Come as a Shock." *New York Times,* November 7, 2006. https://www.nytimes.com/2006/11/07/health/07migr.html.

4. Merton, P. A., and H. B. Morton. (1980). "Stimulation of the Cerebral Cortex in the Intact Human Subject." *Nature* 285: 227-230.

5. Barker, A. T., R. Jalinous, and I. L. Freeston. (1985). "Non-invasive Magnetic Stimulation of Human Motor Cortex." *Lancet* 325 (8437):1106-1107.

6. Kevin Warwick's website, http://www.kevinwarwick.com/.

7. Connor, Steve. (1998). "Professor Has World's First Silicon Chip Implant." *The Independent,* August 26, 1998. https://www.independent.co.uk/news/professor-has-worlds-first-silicon-chip-implant-1174101.html.

8. Warwick, K., M. Gasson, B. Hutt, I. Goodhew, P. Kyberd, B. Andrews, P. Teddy, and A. Shad. (2003). "The Application of Implant Tech-

nology for Cybernetic Systems." Archives of *Neurology* 60 (10): 1369–1373.

9. Warwick, K., M. Gasson, B. Hutt, I. Goodhew, P. Kyberd, H. Schulzrinne, and X. Wu. (2004). "Thought Communication and Control: A First Step Using Radiotelegraphy." *IEE Proceedings on Communications* 151 (3):185-189.
10. Stocco, A., C. S. Prat, D. M. Losey, J. A. Cronin, J. Wu, J. A. Abernethy, and R. P. N. Rao. (2015). "Playing 20 Questions with the Mind: Collaborative Problem Solving by Humans Using a Brain-to-Brain Interface." *PLoS One* (September 23, 2015).

第８章　社会化する脳

1. Damasio, A. R. (1994). *Descartes' Error: Emotion, Reason, and the Human Brain.* New York: Grosset/Putnam.; Damasio, A. R. (1996). "The Somatic Marker Hypothesis and the Possible Functions of the Prefrontal Cortex." *Philosophical Transactions of the Royal Society of London* 354: 1413–1420.
2. Greene, J. D., R. B. Sommerville, L. E. Nystrom, J. M. Darley, and J. D. Cohen. (2001). "An fMRI Investigation of Emotional Engagement in Moral Judgment." *Science* 293: 2105–2108.; Greene, J. D. (2013). *Moral Tribes: Emotion, Reason, and the Gap Between Us and Them.* New York: Penguin.
3. Moll, J., R. de Oliveira-Souza, F. T. Moll, F. A. Ignácio, I. E. Bramati, E. M. Caparelli-Dáquer, and P. J. Eslinger. (2005). "The Moral Affiliations of Disgust: A Functional MRI Study." *Cognitive and Behavioral Neurology* 18: 68–78.; Moll, J., F. Krueger, R. Zahn, M. Pardini, R. de Oliveira-Souza, and J. Grafman. (2006). "Human Fronto-Mesolimbic Networks Guide Decisions About Charitable Donation." *Proceedings of the National Academy of Sciences of the United States of America* 103: 15623-15628.
4. Greene, J. D., S. A. Morelli, K. Lowenberg, L. E. Nystrom, and J. D.

Cohen. (2008). "Cognitive Load Selectively Interferes with Utilitarian Moral Judgment." *Cognition* 107 (3): 1144-54.

5. James, W. ([1890] 1952). *The Principles of Psychology*. Vols. 1-2. New York: Henry Holt., 105.
6. Gould, E., B. S. McEwen, P. Tanapat, L. A. Galea, and E. Fuchs. (1996). "Neurogenesis in the Dentate Gyrus of the Adult Tree Shrew Is Regulated by Psychosocial Stress and NMDA Receptor Activation." *Journal of Neuroscience* 17: 2492-2498.; McEwen, B. S. (2016). "In Pursuit of Resilience: Stress, Epigenetics, and Brain Plasticity." *Annals of the New York Academy of Sciences* 1373: 56-64.; Herbert, J. (1993). "Peptides in the Limbic System: Neurochemical Codes for Co-Ordinated Adaptive Responses to Behavioral and Physiological Demand." *Progress of Neurobiology* 41: 723-791.
7. Darwin, C. ([1859] 1958). *The Origin of Species*. New York: Mentor.; Darwin, C. ([1871] 1874). *The Descent of Man and Selection in Relation to Sex*. Chicago: Rand, McNally.; Kropotkin, P. ([1902] 1976) *Mutual Aid: A Factor in Evolution*. New York: Extending Horizions Book.
8. Rousseau, J.-J. ([1782] 1992). *The Reveries of the Solitary Walker*. New York: Hackett.
9. Pinker, S. E. (2018). *Enlightenment Now: The Case for Reason, Science, Humanism, and Progress*. New York. Random House.; Ferguson, N. (2018). *The Square and the Tower: From the Freemasons to Facebook*. New York: Random House.
10. Shapin, S., and S. Schaffer. (2011). *Leviathan and the Air-Pump: Hobbes, Boyle, and the Experimental Life*. Princeton, NJ: Princeton University Press.

あとがき「決定版ではありません」

1. Adolphs, R. (2015). "The Unsolved Problems of Neuroscience." *Trends in Cognitive Science* 19 (4): 1-3.

■ 著者

ジョナサン・D・モレノ／Jonathan D. Moreno

デイビッドアンドリンシルフェン大学教授，ペンシルベニア大学Penn Integrates Knowledge教授およびペンシルベニア大学医療倫理，医療に関する政策，歴史学，社会科学教授。主な著書に『Mind Wars: Brain Science and the Military in the 21st Century』『Impromptu Man: J. L. Moreno and the Origins of Psychodrama, Encounter Culture, and the Social Network』（Bellevue Literary Press）などがある。

ジェイ・シュルキン／Jay Schulkin

ジョージタウン大学神経科学部特任教授。『Reflections on the Musical Mind: An Evolutionary Perspective』『Sport: A Biological, Philosophical, and Cultural Perspective』（Columbia）など多くの著書がある。

■ 監訳者

佐藤 弥／さとう・わたる

理化学研究所ロボティクスプロジェクト心理プロセス研究チーム，チームリーダー。教育学博士。1973年愛媛県生まれ。京都大学大学院教育研究科博士課程修了。専門は認知神経科学・実験心理学。趣味は子供と山や川に出かけること，体を動かすこと。主な著書にSato, Krumhuber, Jellema, & Williams（eds.）（2020）『Dynamic emotional communication』（Frontiers Media社）などがある。

■ 訳者

大塚美菜／おおつか・みな

翻訳者。武蔵野美術大学短期大学部卒。PCソフトウェアのマニュアル，美術教則本などさまざまなジャンルの翻訳を手がける。

脳研究最前線

～世界では今，脳研究はここまで進んでいる～

2020年12月15日発行

著者	ジョナサン・D・モレノ，ジェイ・シュルキン
監訳者	佐藤 弥
訳者	大塚美菜
翻訳・編集協力	株式会社 オフィスバンズ
編集	武石良平
表紙デザイン	岩本陽一
発行者	高森康雄
発行所	株式会社 ニュートンプレス
	〒112-0012 東京都文京区大塚 3-11-6
	https://www.newtonpress.co.jp

ISBN 978-4-315-52302-7

カバー，表紙画像：© martialred